Osprey Military New Vanguard
オスプレイ・ミリタリー・シリーズ

世界の戦車イラストレイテッド
3

チャーチル歩兵戦車 1941-1951

[著]
ブライアン・ペレット

[カラー・イラスト]
ピーター・サースン×マイク・チャペル

[訳者]
三貴雅智

Churchill Infantry Tank 1941-51

Text by
Bryan Perrett

Colour Plates by
Mike Chappell×Peter Sarson

大日本絵画

目次 contents

3 チャーチル歩兵戦車の開発と変遷
developmental history
開発　発達と変遷　チャーチルNA75　スーパーチャーチル

10 戦場のチャーチル
operational history

12 編成と戦術
organization and tactics
戦車旅団の構成　戦術

15 「ジュビリー」作戦——ディエップの惨劇
operation 'jubilee'

17 アフリカ戦線
africa
「キングフォース」部隊　ドイツ軍の「オクセンコプフ」攻勢　メジェルダ渓谷　ガブ・ガブ・ギャップ

24 イタリア戦線
italy
「ヒットラーライン」の突破　「ゴシックライン」での苦戦
戦闘報告—第51王立戦車連隊の場合　イタリアでの勝利

35 北西ヨーロッパ戦線
north-west europe
ノルマンディ上陸　コーモンの戦い　ルアーヴル解放　低地諸国での戦い　ライヒスヴァルトの戦い

40 アジアでのチャーチル——ビルマ戦線・朝鮮戦争
burma and korea
ビルマでのチャーチル　朝鮮戦争のチャーチル

43 チャーチルの派生型
variants
クロコダイル火焔放射戦車　装甲工兵戦闘車　チャーチル架橋戦車
特殊車両　3インチ・ガンキャリアー

25
46 カラー・イラスト
カラー・イラスト解説

◎著者紹介

ブライアン・ペレット　Bryan Perrett／1934年生まれ。リバプールカレッジ卒業。王立戦車軍団（RAC）、第17/21槍騎兵連隊、ウェストミンスター龍騎兵、王立戦車連隊（RTR）に配属され、国防義勇勲章を授章。軍事史家として機甲戦に関する多数の著作や論文を著している。家族とともにランカシャー州に在住。

ピーター・サースン　Peter Sarson／世界でもっとも経験を積んだミリタリー・アーティストのひとりであり、英国オスプレイ社の出版物に数多くのイラストを発表。細部まで描かれた内部構造図は「世界の戦車イラストレイテッド」シリーズの特徴となっている。

マイク・チャペル　Mike Chappell／ピーター・サースン氏同様、オスプレイ社の出版物に数多くのイラストを発表。『世界の戦闘機エース』シリーズでも、「パイロットの軍装」のカラー・イラストを担当している。

チャーチル歩兵戦車
Churchill Infantry Tank

developmental history

チャーチル歩兵戦車の開発と変遷

開発
Development

　戦術思想としての当否はともかく、第二次大戦の開戦前から終結までイギリス陸軍を支配していた戦術理念に、歩兵の作戦行動には、専用に開発された戦車を装備する戦車旅団の支援を別個に与えるべきである、というものがあった。この歩兵戦車(訳注1)に対する基本的な要求は、開発着手の時点で現役配備が知られているすべての対戦車砲の砲火に耐えることのできる厚い装甲を有することと、任務達成に十分な火力を有することであった。しかし、速度に関しては、作戦の進展そのものが歩兵の進撃速度に従うことから、さほど重視されることはなかった。

　最初の歩兵戦車、小型の二人乗り戦車である「A11」は、1937年に完成した。これに続いて1939年には、マチルダとして知られる「歩兵戦車Mk.Ⅱ　A12」の配備が開始された。さらに、その同じ年の7月には、「歩兵戦車Mk.Ⅲ」ヴィッカーズ・ヴァレンタインへの発注が下された。こうして次々と歩兵戦車の開発が進むなかで、なおも必要と考えられたことが不思議なのだが、1939年9月には第四の歩兵戦車であるA20の開発がスタートした。

訳注1：歩兵戦車＝infantry tank。第二次大戦当時のイギリス軍は戦車のカテゴリーを、歩兵戦車と巡航戦車(＝cruiser tank)のふたつに分類していた。歩兵戦車の仕様は文中の通りだが、突破追撃用の巡航戦車は、装甲を薄くして重量を抑え快速性を重視したものであった。一例を挙げると大戦初期の歩兵戦車マチルダの最大装甲厚は76mmだが、巡航戦車A13は30mmでしかない。

古兵の凛たる佇まい。目の前を通り過ぎてゆく、彼の名を冠せられた戦車を見守るウィンストン・チャーチルは、アフガニスタン／パキスタン国境で戦い、オムダーマンの騎兵突撃に参加した、過ぎし若き日へと思いを馳せているのだろう。(This, and all other photographs not specifically credited otherwise, are from the Imperial War Museum collections./写真でとくに出典の明記されていないものは、帝国戦争博物館からのものである)

「来るべき次の一戦」の姿を正確に示すことは、まことに困難である。高級将校の多くは、次の西部戦線の戦いは1918年後半のそれと同じく、厳重な防御構築の施された敵陣地への攻撃になると想像し、戦車設計総監に対して、幅広い対戦車壕を越える超壕力と、砲撃による弾痕で一面のクレーターと化した戦場を押し進む走破性とを有する、重歩兵戦車の試作を求めた。

試作戦車のデザインは履帯が車体側面の高い位置を走るものだったので、一目みただけで第一次大戦の菱形戦車を思い起こさせた。さらに、主武装である2ポンド砲が車体両側のスポンソン(訳注2)に収められていたことで、その印象は強調された。しかし、1940年6月にハーランド＆ウォルフ社が試作1号車を完成させたときには、スポンソン式砲座は取りやめとなり、2ポンド砲は1門が全周旋回式砲塔に、もう1門が操縦手席の隣りに装備された。

A20はダンケルク撤退(訳注3)後の、イギリス陸軍がありとあらゆる装備、車両を必要としていた、まさにそのときに登場した。量産化への移行を急ぐために、A20は戦車設計監督であるH・E・メリット博士の率いる、A20用の複列12気筒エンジン開発を担当したヴォクスホール・モーターズ社の技術チームにより小型化が図られた。こうしてできあがった戦車はA22として認定され、さらに戦意高揚の意味をこめて「チャーチル」と命名された。ヴォクスホール社には1年以内の量産開始が命じられた。これは戦時ならではの常識にはずれたあまりにも短時間の要求であり、開発および部隊サイドで評価試験を繰り返すことが事実上、不可能であることを意味していた。製図板からいきなり車両を起こすかたちで、ヴォクスホール社は納期目標をクリアーし、1941年6月から戦車は部隊へと到着し始めた。各車両にはユーザーハンドブックが添えられていたが、そこにはメーカーの正直な見解として、この製品が自動車製造者の観点からすれば、満足には程遠い完成度にあることが次のように述べられていた。

「我々が重々承知していることは、機能が完全でないものはすべて正さなければならないということです。ほぼすべての事例に関してすでに解決法は判明しており、新しい素材や新設計によるパーツが到来次第、順次製造段階において使用してゆく予定であります。

欠陥に関する当社のこの率直な見解を基に、誤った評価を下すことの無いようお願いいたします。Mk.Ⅱ歩兵戦車はすぐれた車両であります。試作車のテスト中に生じたトラブルは、けっして異常なものではありません。本戦車の開発に関して通常と異なっていたのは、量産開始前の段階で、トラブルを正し得る機会がなかったということであります。

しかしながら、今は平時ではありません。戦闘車両の増産は現今急務の課題であり、当局の指示は、量産を遅らせるよりも現状の試作車の開発完遂を求めるというものでした」

ハンドブックの発行時点で判明していた技術的欠陥に関しては、次の通りにリストアップされている。

「転輪ボギーの焼き付き。燐青銅製の転輪アーム支持シャフトとベアリングを、それぞれクローム板とホワイトメタル製に交換することで改善可能。

起動輪と最終減速機の締結部、変速機と最終減速機間のマフ・カプリング部、主ブレーキドラム内の各部におけるボルトの緩み。防振ワッシャー付きの高張力パーツとの交換で修理改善。

キャタピラの欠陥。鋳造法の改善と設計変更により改善可能。

ガスケット抜けとオイルシールの漏れは、設計と使用素材の変更により対処。

燃料の過早気化は、燃料ポンプと燃料ラインがエンジン上方に置かれていることに起因するものであり、これらをより低温の位置に移すことで対処可能。

潤滑システムのフレキシブルパイプにピンホールがあくことで、短時間の走行後に大量のオイル漏れを起こすトラブルは、代替素材の使用により対処。

訳注2：スポンソン式砲座。スポンソンの原義は軍艦の「張出し砲門」のこと。そもそもイギリスは1915年に世界で最初に戦車を開発した国である。戦車開発を推進したのは当時の海軍大臣であったチャーチルで、「陸上軍艦」と称して海軍で開発されたため、車体をハル（船体）と呼ぶなど今でもイギリスでは戦車に軍艦用語があてられている。

訳注3：フランスでの敗北に伴う1940年6月のダンケルク撤退で、イギリス軍は連合国将兵を含め約34万人の救出に成功したが、主だった装甲戦闘車両のほとんどは失なわれた。この当時、英本土の守りにあたる戦車は、すべてかき集めてもわずか200両というありさまだった。

クラッチ板の異常摩耗は、より強靭な素材に変更することで解決。
　　点火コードを防水性を有するものに仕様変更」
　さらに多くの欠陥が、訓練に入った各連隊に派遣されたヴォクスホール社の技術チームにより報告された。ときには部隊は、独自の方式でトラブルの解決策を見出した。王立戦車軍団(RAC)第147連隊(ハンプシャー)の例を挙げると、「我々の主たるトラブルは、操縦手と変速機間に介在するリンケージ部にあった。変速機にはギアチェンジ用のレバーがついているのだが、これが頻繁に折損した。交換パーツは入手困難であり、ノーフォークで旅団に合流してようやく解決をみることができた。技術係副官は、郡内のすべてのガレージや自動車整備工場をくまなく回って、手に入れられる限りのフォード製のハーフシャフトを入手した。このシャフトは頑丈で欠陥レバーと形状がぴったり同じであったのだ」となっている。
　このトラブルに関する原因と解決法の公式見解に関して、当時メリット博士の変速機担当チーフデザイナーであったH・E・アシュフィールドは次のように述べている。
「設計段階ではギアチェンジ用のセレクターフォークの材質は、ニッケルブロンズ製とされていた。残念なことに、当時ニッケルは不足していたので生産品はアルミブロンズで代用された。これは強度に劣る材料で、簡単に折れ曲がってしまった。そのために、ギアが

上陸演習中の第48王立戦車連隊(RTR)のチャーチルMk.I。車体前面ノーズ部分にみえる連隊の戦術番号「175」の下に書かれた白線は、陸軍直轄部隊であることを示している。戦車揚陸艇(LCT)に積載するために、車体側面の空気取り入れ口トランクが取り外されていることに注意。

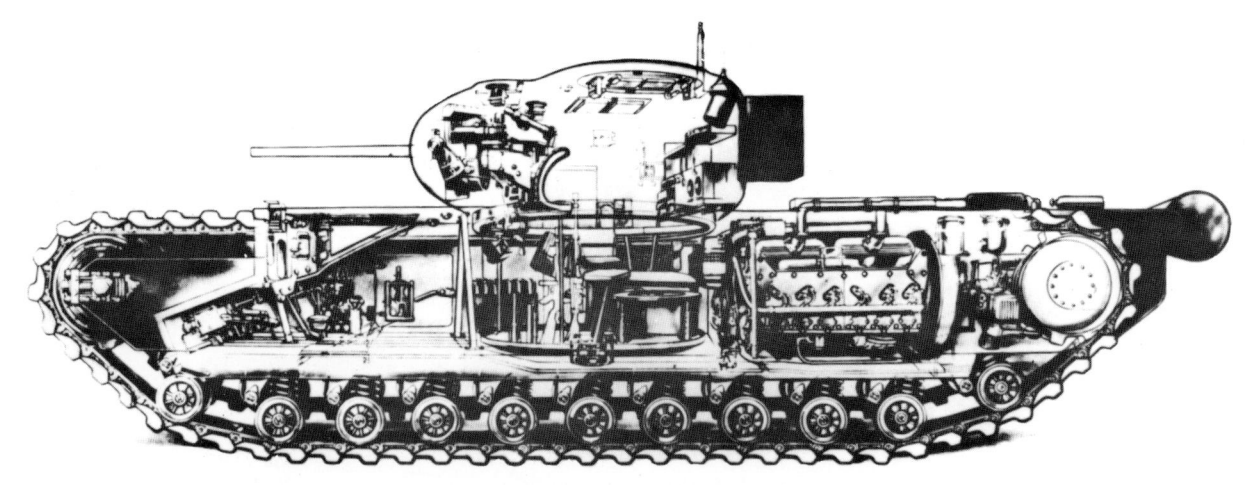

チャーチルMk.Iの縦断面図。前方から、操縦手、戦闘、エンジン、変速機の各コンパートメントが並ぶ。
(RAC Tank Museum)

しっかりと入らなかったので、場合によっては負荷がかかるとギア抜けすることがあった。これにより生じた振動とガタつきで、セレクターフォークとそれに連結されたレバーに折損が生じることになった。解決策として、脆弱な材質に見合うだけセレクターフォークの体積を増すことと、レバーの直径を太くすることになった。この方法はきわめて効果的で、私の記憶にある限りでは、その後は同じトラブルの発生は聞いていない」

チャーチル量産型の初期モデルでは、エンジン冷却気取り入れ口は下向きとされていた。しかしすぐに、強力なファンの吸入力で大量の落ち葉と塵埃が吸い上げられ、ルーバーが目詰まりしてしまうことが、訓練中に確認された。そのため、以後のモデルでは取り入れ口は上向きに変更されている。

こうして手直しと改良が重ね続けられたことで、チャーチルは実戦に投入された1942年の時点では、機械的信頼性の高い戦車として完成されていた。

チャーチルの車体構成は従来の方式に従ったもので、4つのコンパートメントに分割されていた。前方から順にみると、先頭の操縦室には操縦手と車体機関銃手が収まり、その背後には戦闘室が位置し、頂部には砲塔が載せられた。ここには戦車長、砲手、装填手兼無線手が配置される。機関室には、エンジン、ラジエーター、燃料タンクが収められた。後端の区画には、変速機、減速操向装置、コンプレッサーほかの補機類、砲塔旋回用の発電機が収められた。主機関は出力350馬力の複列12気筒ヴォクスホール・ベッド

「ノース・アイリッシュ・ホース」連隊A中隊のチャーチルMk.I。ドイツ軍の「オクセンコプフ」攻勢時に「ハンツ・ギャップ」にて撮影。

訳注4：コントロールド・ディファレンシャル・ステアリングと呼ばれる動力再生式の操向変速装置で、簡単にいうと、ブレーキがかけられた側の動力が反対側で再生されて増速されることで、小回りが可能となる。左右のキャタピラを逆転させてその場で戦車を方向転換させる、いわゆる超信地旋回を可能とするタイプである。なお、操向変速装置に関しては『アーマーモデリング』誌1998年8月号に高橋慶史氏による入門者向け解説がある。

フォードエンジンで、路上15.5mph（25km/h）、路外8mph（13km/h）の最高速度を記録した。サスペンションは22個の独立懸架ボギー式で、それぞれが別個のユニットとして整備・交換が可能である。最大装甲厚は102mmで、後期型では152mmにまで強化されている。

英軍車両にしては珍しく、両スポンソン部には乗員脱出ハッチが設けられているが、これは原形であったA20の名残である。また、チャーチルのステアリングは例をみないハンドルバー式である。これは四速のメリット・ブラウン式操向変速装置(訳注4)と組み合わされて、超信地旋回を可能としている。

発達と変遷
Subsequent Development History

チャーチルの発達の歴史は、イギリス戦車の主武装発達史と歩みをともにしている。1940年の時点で、2ポンド砲はすでに時代遅れであるとわかっていたのだが、フランス戦での損害を急いで埋め合わせるために量産が続けられていた。新型砲である6ポンド砲のために、工場のライン変更完了を待つ時間的な余裕は当時なかったのである。そのため、チャーチルMk.Iは、鋳造砲塔に2ポンド砲1門と共軸機関銃7.92mmBESA1挺、車体前面に3インチ榴弾砲1門を装備した。当時、2ポンド砲には榴弾が用意されていなかったので、この組み合わせは、チャーチルに装甲貫徹力と榴弾能力の両方を与えることになった。Mk.Iは、ディエップ上陸とチュニジアで実戦に参加した。さらにわずかな数が1944年イタリアでの「ゴシックライン」突破作戦に参加している。なお、一部の資料には、Mk.Iの車体の3インチ砲をBESA機関銃に換装したものをMk.IIとしているものもある。

Mk.IIは、砲塔に3インチ榴弾砲、車体に2ポンド砲を装備して近接支援能力の向上を図ったものだが、数両の製作に止まった。

Mk.IIIは、特徴的な角張った溶接砲塔に、6ポンド砲を装備している。このMk.IIIでチャーチルの副武装は、砲塔と車体のBESA機関銃各1挺に確定した。また、それまでは剥き出しであったキャタピラにフェンダーが装着されるようになった。

Mk.IVでは、砲塔はふたたび鋳造製に戻ったが、主砲は同じく6ポンド砲である。初期型の一部は6ポンド砲Mk.Vを装備したが、これは砲口のカウンターウェイトで簡単に識別可能である。

Mk.Vは、95mm榴弾砲を装備した近接支援戦車で、砲口にカウンターウェイトを装着している。これは、トーチカ、掩蔽壕、建造物を相手とした戦闘で中隊の攻撃能力を高めるためにあった。チャーチルの全生産数の一割がこの近接支援型にあてられた。

Mk.VIはイギリス製のマズルブレーキ付き75mm砲を装備した最初のチャーチルである。それ以外の点ではMk.IVとほぼ同じである。実際には、Mk.IVから改修されたものも多かった。

Mk.VIIは、やはり75mm砲を装備しているが、最大装甲厚を102mmから152mmに強化したことで、防御力が一新された。装甲強化と、車幅が若干拡げられたことにより、車重は40tに達し、路上最高速度は12.5mph（マイル／時、約20km/h）に落ちた。車体側面の脱出ハッチはそれまでの角型から円型へと変更されている。Mk.VIIの砲塔は新設計のもので、鋳造と溶接の併用式であった。車長用には背の低いキューポラとブレード式の直接照準機が与えられている。だが、

Mk.Iのバリエーション、車体の3インチ榴弾砲がBESA機関銃に換えられている。Mk.IとMk.IIでは、主砲共軸機関銃のBESA機関銃は主砲の右側に位置していた（それ以後のタイプでは左側）。車体後端には補助燃料タンクを装着している。（RAC Tank Museum）

Mk.Ⅲ～Mk.Ⅵで弾片の咬み込みが生じて問題となった砲塔前面の四角く窪んだ砲盾部は、Mk.Ⅶでもそのままであった。のちには開口部の左右両エッジが分厚く盛り上げられて、この対策とされている。Mk.ⅧはMk.Ⅶの近接支援型でMk.Ⅴと同じ95mm榴弾砲を装備している。

　これに加えて旧型車両を最新仕様に強化するための、いくつもの改修プログラムが施行された。Mk.ⅢおよびMk.Ⅳの車体に増加装甲を加えてMk.Ⅶ仕様としたものはMk.Ⅸ、同様にMk.Ⅵの装甲強化車体にMk.Ⅶの砲塔を載せたものはMk.Ⅹとなった。さらに、Mk.Ⅴの強化車体にMk.Ⅷの砲塔を載せたものはMk.Ⅺとされた。これらの改修にはさらに、旧型砲塔で戦車砲だけを換装したもの、車長キューポラのみの装着改修などさまざまなバリエーションがある。

95mm榴弾砲を装備するチャーチルMk.Ⅷは、Mk.Ⅴとよく似た車両であるが、車体側面の円形ハッチ、Mk.Ⅶ用砲塔で識別できる。
(RAC Tank Museum)

チャーチルNA75
Churchill NA75 (North Africa 75mm)

　チャーチルNA75は、Mk.Ⅳにシャーマン戦車の75mm砲を砲架、砲盾ごと移植したもので、AFV (装甲戦闘車両) の開発史上まれにみる傑作である。これはREME (王立電気機械工兵) 所属のパーシー・モレル大尉が、1943年の末にアルジェリアのル・クルーブに置かれた第665戦車修理廠の副長であったときの発案によるものである。

　モレルは北アフリカの強烈な日差しの下では、チャーチルの窪んだ砲盾部が黒々とした陰となりドイツ軍砲手に絶好の照準点を与えていることに気づいていた。実際、メジェルダ渓谷の戦闘におけるチャーチルの損害の6割は、この部分への被弾が原因となったものであった。大尉はまた、6ポンド砲に榴弾が用意されていないことで、イギリス戦車兵がドイツ対戦車砲との交戦に難渋していることも承知していた。榴弾の用意されたシャーマンではそのような問題はなかった[著者注：イタリア戦開始時には榴弾が用意され、この問題は解決をみた]。戦車修理廠にはスクラップにするために多数の損傷シャーマン戦

左頁上左●チャーチルMk.IV。Mk.IIIと同じく6ポンド砲を主砲としているが、砲塔は鋳造製に戻っている。主砲の6ポンド砲Mk.Vは、砲口にカウンターウェイトを装着していることが多かった。

左頁上右●ノルマンディでのMk.VI。Mk.VIはイギリス国産の75mm砲を搭載した最初のタイプである。写真ではわかりづらいが、第6近衛戦車旅団のシンボルが車体機関銃の向かって左側に描かれている。明らかに防弾を目的に車体前面に積載された予備キャタピラや、破損した第3転輪に注意。

下左●NA75の砲塔内部。シャーマン用の75mm戦車砲が右に180度反転され、交差リンケージが設けられていることがわかる。写真でみる通り、主砲左側に位置する共軸機関銃のブローニング機関銃の尾部が、動力旋回装置ユニットに当たってしまっている。このため俯仰装置が改良され、主砲が仰角を最大まで取り続けても、機関銃は尾部が当たったあとはその角度で停止するようにされていた。
(Major Percy Morrell, M.B.E)

下右●チャーチルNA75の記念写真。写真の周囲のサイン書きは改造プログラムの関係者によるもの。
(Major Percy Morrell, M.B.E)

車が集められていたが、多くの場合、75mm戦車砲はほぼ新品のままであった。そこでモレルはシャーマンの75mm砲を砲盾ごと取り外してチャーチルMk.IVに移植すれば、ふたつの問題を一挙に解決できることに思い至った。

モレルの計算では改修は可能であり、粘り強く折衝を続けてようやくのことで、中央地中海戦域機械技術総監であるW・S・トープ少将から試作改修の了解をとりつけた。

ここで技術的な問題がひとつ生じた。シャーマンの砲塔前面はフラットであったが、チャーチルMk.IVのそれは円かった。そのため改修には、シャーマンの内部砲盾の据えつけ座が得られるまで十分に、チャーチルの砲塔を削り込まなければならなかった。しかも、モレルの言葉を借りれば、「シャーマンでは内部砲盾および砲架は、垂直から約30度傾けて装着されており、砲身は内部砲盾に切られたスロット内を上下動させられる構造であった。そのため、(垂直に近い)チャーチルの砲塔前面にこの内部砲盾を溶接接合した結果、仰角は水平よりわずか上、俯角は必要以上にどこまでも下がるということになってしまった。この問題を解決するための方策は簡単なもので、スロットの上部約8インチ(20cm)を切り欠いて、この切りとった部分をスロットの下部に溶接することで対処された」。

もっとも大きな問題は、ふたつの軍隊が異なった砲塔乗員配置をとっていたことで生じた。アメリカ軍では装填手は主砲の左側、砲手は右側に位置するようになっていた。しかし、イギリス軍の配置はこれとは逆で、このままでいくと、閉鎖機ブロックが砲手のいる左側に開いてしまう危険であった。いくつかの検討がなされた結果、モレルは砲架内で砲身と閉鎖機を反転させて180度向きを変える解決法を発案し、これで閉鎖機ブロックは右開きとなった。また、砲手の操砲装置には交差式リンケージが開発された。

試作車の射撃テストの結果は良好で、チャーチルはシャーマンよりも安定した75mm砲の射撃ベースであることを証明し、射程の延伸が確認された。これにより、モレルの監督下で、ボヌ近郊の第16基地修理廠での大規模な改修作業の着手が命じられた。「ホワイトホット」のコードネームを与えられたこの改修プロジェクトは最優先扱いとされ、1944年6月までの3カ月間で約200両が完成させられた。

チャーチルNA75(北アフリカ75mm)と命名された同車はイタリア戦線へと送られ、とくに「ゴシックライン」の戦闘で名を揚げ、英戦車兵からの評判も上々であった。モレル大尉の自主性と非凡な発想は高く評価され、モレルは少佐に昇進し、M.B.E.(第五級勲功章)を与えられた。この改修を言い出した当時、改修が失敗に終わり高価なチャーチルを無駄にする結果となれば、一生大尉止まりだと警告されていたことを思えば、まことに喜ばしい成功であった。

スーパーチャーチル
Super Churchill

　発展の途上で常に主砲の強化が続けられていたにもかかわらず、チャーチルは敵に対して火力に劣り、常にドイツ戦車と自走砲から短射程の不利を思い知らされていた。事態を打開するために、1943年の秋には、強力な17ポンド砲を搭載するスーパーチャーチルの開発が決定した。1945年5月にはA43ブラックプリンスと名づけられた6両の試作車が完成したが、このときにはすでに、17ポンド砲を搭載し同等の装甲をもちながら、より構造の簡単なセンチュリオンMk.Iの量産が始まるところであり、チャーチルのさらなる開発は中止されることになった。

　かくしてチャーチルは、どの戦車よりも搭載武装が豊富だったことに加え、基本的な適応性が高かったことで、大戦イギリス戦車中の重要な一両となった。ヴォクスホール社の監督の下でイギリス本土の重機械メーカーにより、総計で5640両のチャーチルが生産され、西部砂漠、チュニジア、北西ヨーロッパ、イタリア、ビルマ、朝鮮半島といった、自然地理条件のまったく異なる戦場で戦った。また、対ソ支援プログラムの一環として、1942年8月にMk.I〜Ⅲが送られたことで、東部戦線で戦ったものもあった。この当時、ソ連は戦車の兵装で世界をリードしており、イギリス製の2ポンド砲や6ポンド砲にはまったく興味を示さなかった。そのため一部には、主砲をソ連製の76.2㎜砲に換装したものもあった。

operational history

戦場のチャーチル

　戦争とは、あまりにも長い退屈な時間の連続と、それを不意に打ち破る短時間の極度の恐怖の組み合わせだといわれている。この言葉をあらわすかのように、1943年から終戦まで、イギリス機甲団は比較的に短期間の特別な作戦にだけ投入されることが多かったが、その反対に戦車旅団は、たまには数カ月ほど戦場を離れることもあったが、たいていは戦線に張り付いたまま、より長い時間を戦場ですごしていた。それがどのような状況であったのかを、第48王立戦車連隊（RTR）の一操縦手であったアラン・ギルマーは、「ゴシック

17ポンド砲を搭載するスーパーチャーチル「ブラックプリンス」。同じ装備と装甲をもちながら、より構造の簡単なセンチュリオンMk.Iが採用されたため、開発計画はキャンセルされた。
（RAC Tank Museum）

右頁中●固く乾いた埃っぽい地面ではアイドリング停車中に、チャーチルのシロッコファンが巻き上げた塵埃が車体底部を伝って前へと回り、ハッチを通して吸い込まれるという循環現象が起きた。

右頁下●上の循環現象への対応策として、北アフリカ戦線に従事したチャーチルは、写真の「キングフォース」のMk.Ⅲのように、車体前端部にキャンバス製のエプロンを吊るして塵埃を防いだ。車体両側面にはサイドレールが確認されるが、これはエル・アラメイン戦前にトラックの運転台と荷台を模した部品を装着し、偽装を施していた際に使用されたもの。その後は、荷物やテントの積載用に利用された。

ライン」での経験から端的に述べている。

「それから続く数週間、攻撃は日々はげしさをつのらせ、忌まわしい夜と恐怖の昼とが繰り返されることになった。我々は戦友を失い、戦車も失った。生き残る希望さえ失いかけていた」

敵の防備を打ち破るために考案された小部隊による一連の作戦行動が、おうおうにして敵の戦車砲や対戦車砲火の下で試されてその日一日の戦闘を終えたのち、チャーチルは夕闇の暮れた戦場を離れ、野営地へと帰投した。それから数時間かけて、整備と補充物資の積み込みが行われ、戦車兵はその合間を利用して温かい食事の準備もした。ただでも短い睡眠時間は歩哨任務の交替で中断され、そして部隊は、朝日が顔をのぞかせるずっと以前に暗闇のなかを前線に戻って、新たな一日をともに戦う歩兵と合流しなければならなかった。それは将兵の肉体的、精神的余力を、継続的にすり減らしてゆくプロセスであり、その疲弊困苦は、食事や睡眠の時間を削って野戦会議への出席や進出ルートの偵察に費やし、戦闘中のほとんどの時間を下車して歩兵将校とともに行動する小隊長や中隊長には、さらに重くのしかかったのである。

そうした状況にもかかわらず、戦車旅団の士気は高く保たれ、ともに戦った歩兵からは限りない称賛を送られた。戦車旅団はまた、機甲師団からも敬意を払われたが、羨ましがられることはなかった。「そいつは機甲師団には忌み嫌われたに違いない職務だ」というコメントは、自身もベダ・フォム、シジ・レゼグ、インパールの激戦を歴戦している、某第7機甲師団長の発したものである。

チャーチルの良い点も悪い点も、戦車兵は等しく黙って受け入れるほかなかった。戦車兵は、頑丈な装甲と側面脱出ハッチの存在を喜び、どんなに険しい丘をも登ってゆく登坂性能と、どんなに深い泥濘をも押し渡ってゆく路外機動性を称賛し、幅の広い車体のもたらす車内搭載スペースの多さを歓迎した。しかし、ドイツ戦車と互角にわたりあえるだけの主砲火力を欠いたことは、大いに悔やまれた。整備に要される負担も大きかった。とりわけ前線から下がって暗闇のなかで行なわなければならない、22個の転輪ボギーへのグリース給脂作業は閉口ものであった。さらには慣れる以外に対処のしようがないいくつかの小規模な欠点もあった。それらは、キャタピラが大きく前方に突き出していることによる操縦手の視野の狭さや、キャタピラが車体側面の高い位置を走ることによる車内騒音のひどさ。換気ファンの効果が悪いためか、主砲発射後に濃密なガスが車内にこもること。固い路面上でエンジン冷却用の強力なシロッコファンの巻き上げた塵埃が、車体底面をくぐって前へ導かれ操縦手ハッチや砲塔ハッチから吸入されて循環してしまうこと。また、初期型では車内の排水ドレインを設けていなかったため、大雨のあとでは車内を水溜まりがあっちこっちへと移動していたこと。さらにきわめつけは、ギアを嚙ませていないときに油圧ブレーキラインが破れると、何の予兆

もなしに戦車が走り出してしまう癖のあることであった。事故の結果は笑い事で済まされるものではなかった。

こうした車両固有の癖があったにもかかわらずイギリス戦車兵はチャーチルを好み、シャーマンの進出できないところでも進める不整地走破力や、また、被弾しても米軍車両のように簡単に炎上しないことを誇っていたのである。

戦車兵用語で「カニの横這い」と呼ばれる、急斜面を進むときに起こる横滑りは、戦車兵のもっとも恐れる事故であった。滑り出してすぐに止めないとたちまち制御不能となり、多くの場合は写真のチャーチルMk.Iのように、横転を繰り返して砲塔が外れ、死傷事故へと結びついた。

organization and tactics
編成と戦術

戦車旅団の構成
Organization

1個戦車旅団は、3個戦車連隊と1個旅団修理廠、各種の兵站部隊により構成されている。各戦車連隊は、チャーチル4両により編成される1個連隊本部小隊、スチュアート軽戦車12両により編成される1個偵察小隊、王立電気機械技術工兵(REME)の1個軽支援分遣隊、AおよびB輸送隊、それに3個戦車中隊で構成されていた。ノルマンディ戦では、連隊本部小隊にさらに地点防空用のクルセーダー対空戦車小隊1個が追加された(34、37頁の編成図を参照)。しかし、連合軍の航空優勢が確立されたことで、対空戦車は地上戦闘に転用され恐るべき効果を挙げた。だが、のちには過剰装備であることを理由に編成から外されている。各戦車中隊は、チャーチル4両により編成される1個中隊本部小隊(内最低1両は近接支援型)、チャーチル3両により編成される4個戦車小隊、装甲回収車(ARV)1両で構成され、さらに終戦間近には架橋戦車1両が加えられた。また、連隊および中隊本部には、歩兵部隊との連絡用のダイムラー装甲車が数量保有された。(訳注5)

戦車旅団が創設された当時、その呼称は「陸軍直轄戦車旅団」であったが、1942年半ばに、師団編成内に戦車旅団1個と歩兵旅団2個をもついわゆる「混成」師団が編成され始めると、単なる「戦車旅団」となった。しかし、通常ならば予備戦力となる3個目の歩兵旅団を欠いたことから、「混成」師団は実戦では機能しなかった。そのため、1943年の初めにこの構想は放棄され、戦車旅団はふたたび陸軍の直轄下に戻った。

戦術
Tactics

陸軍上層部の考えでは、戦車旅団群は歩兵師団群が敵の防衛線に突破口を穿とうとしている地点に集中投入されるべきであり、機甲師団群はこの突破口から進出して敵の後背地を大突破するものとされていた。この構想に適した戦例としては、アフリカ戦線のムジェルダ渓谷、イタリア戦線の「ヒットラーライン」と「ゴシックライン」、北西ヨーロッパ戦線のノルマンディ海岸橋頭堡とライヒスヴァルトが、歩兵戦車の集中投入例として挙げられるが、どのケースでも突破は果たされていない。

戦車旅団の運用例としては、1個歩兵師団に1個戦車旅団が割り当てられることが一般的であった。明確な規定ではないが戦車旅団はさらに分割されて、1個歩兵旅団に1個戦

訳注5:「レジメント(Regiment)」の呼称について。16世紀にまで溯るイギリスの陸軍制度は、幾度となく改革を経てきたことによりきわめて複雑難解なものとなっている。その根幹を成すものは「レジメント」制であり、当初は「カーネル」が自費によって運営する兵力500人程度の兵団であった。いわば日本の武士団に近いものと考えるとよいだろう。メンズファッションには、「レジメンタル・タイ」というさまざまな独特の色柄をもつネクタイのコレクションがあるが、これは各「レジメント」のカラーや紋章を象徴したものである。
イギリスの戦車部隊の場合は、騎兵式の「レジメント→スクワドロン→トループ」の順に編制図を下る呼称を採用した。歴史の流れと共に戦争が大規模化するにつれ、とくに歩兵の「レジメント」は複数の大隊から構成されるようになった。現在の陸軍編制では「レジメント→バタリオン→カンパニー」という階層構造が一般化している。これは訳せば「連隊→大隊→中隊」となる。
混乱を生じたのは、戦車を装備するようになっても、「レジメント」が兵力規模的には「大隊」サイズのままであったことによる。歴史的に由緒のある呼称である以上、「レジメント」を戦術単位に即して「大隊」と訳すことはできない。そこで戦車部隊の「レジメント→スクワドロン→トループ」の訳としては、大隊を抜いた「連隊→中隊→小隊」をあてることになっている。つまり、英戦車連隊はドイツ軍の戦車大隊と同格なのである。ドイツ戦車連隊の編制になじんでいると誤解しやすいので要注意である。

次頁※へつづく

ライヒスヴァルト戦における第6近衛戦車旅団のチャーチル、クレーヴェにて撮影。先頭の車両は車体に増加装甲板を装着してMk.VII仕様にアップデートされたMk.VIで、Mk.IXとして形式認定されたもの。砲塔の防弾強化用にシャーマンのキャタピラが使われていることに注意。

※本書の翻訳にあたっては、尊称ともいえる各戦車レジメントの名称を「」でくくり、それが部隊であることを示すために原表記にはないがあえて「連隊」の呼称を付してある。ただし、第6「近衛」戦車旅団の所属部隊に関しては、「近衛」歩兵から戦車へ転換された部隊であるため、原「大隊」の名が残されておりそのまま訳してある。また、王立戦車連隊（RTR）の第40〜51連隊と王立戦車軍団（RAC）の第107〜第163連隊も歩兵から転換された部隊であり、文中に同じ起源をもつ歩兵大隊が登場する。また、「第14／20槍騎兵」連隊のように、ひとつの部隊でふたつの番号を併せ持つ部隊があるが、これは部隊の統廃合により騎兵連隊の通し番号がひとつにまとめられたものである。

訳注6：1944年当時、前進観測将校（FOO）による無線ネットワークを用いた、イギリス軍の砲兵誘導システムは世界でももっとも完成されていた。前進観測将校（FOO）に大幅な権限が与えられたことで、連隊への支援ならば1分、師団への支援ならば3分で砲火を集中でき、緊急時には軍団砲兵までをも含む全火力をひとりで指揮可能であった。

車連隊、1個歩兵大隊に1個戦車中隊、1個歩兵中隊に1個戦車小隊が割り当てられることもあった。戦車は作戦の全期間を通じて歩兵の指揮下に置かれた。しかし、敵戦車が戦闘に加入してきた場合には、中隊編成に戻って戦った。

上述のように、戦車旅団が旅団全力をもって一戦術単位として作戦行動することはなかった。その唯一ともいえる例外が、コーモンで戦った第6近衛戦車旅団であった（本文36頁参照）。また、指揮下の各戦車中隊が隣接する歩兵大隊群を支援している場合であっても、連隊全力で戦うことはほとんどなかった。しかしながら、攻撃の進展が不調な場合には、ブー・アラダで第51王立戦車連隊（RTR）長のティミス中佐がみせたように、連隊長が前線を訪れて各戦車中隊の作戦を調整して、歩兵攻撃がうまくゆくように図る場合もあった。

イギリス軍の基本戦術単位は、1個チャーチル中隊に支援された1個歩兵大隊と、前進観測将校（FOO）の緊急要請無線に即応する1個砲兵中隊とで構成された。砲兵将校である前進観測将校は自前の車両に搭乗して戦車に随伴するもので、チュニジアとイタリアではスチュアート、北西ヨーロッパ戦域ではチャーチルを使用した。前進観測将校の任務は、部隊の進撃を阻害する敵支配地域を無力化することと、敵の反撃時には防御弾幕を張ることにあった。前進観測将校が死傷した場合には、戦車将校が一時的にその任を引き継ぐことになっており、必要な専門訓練を受けていた。(訳注6)

大戦初期にみられた歩兵／戦車直協戦術では、戦車は2列横隊を形成して歩兵の直前を進み、目標到達後は歩兵が掃討を終えるまで現地点に止まり、歩兵大隊所属の対戦車砲が前進して陣地に入ったところで交替するというものであった。エル・アラメイン戦ではまったく異なる戦術がとられた。歩兵は夜間攻撃を実施し、歩兵戦車は前進して日の出とともに歩兵と合流し、対戦車砲が前進するまで必至と予見されるドイツ軍の反撃に備えた。チュニジアで戦ったチャーチル戦車旅団は両方の戦術を採用したが、イタリア、フランス、低地諸国（オランダ、ベルギーなど）の戦場では、まったく異なる戦術を編み出さなければならなかった。

その原因となったのは、兵器技術の進歩と戦場の様相が変化したことにあった。パンツァーファウストやパンツァーシュレック（ドイツ軍版のバズーカ砲）が開発されたことで、

13

対戦車破壊チームは地形を利して身を潜め、敵戦車を待ち伏せして近接攻撃をかけることが可能となっていた。これらの兵器の弾頭部に用いられた成形炸薬は、ホローチャージ効果(訳注7)により強力な装甲貫徹力を発し、当時前線に投入されていたすべての戦車の装甲を貫徹できた。これに対抗するには、刈り取り前の穀物畑や果樹園、森林やブドウ畑を進む場合に、歩兵が先頭に立ってドイツの対戦車破壊チームを狩り出す必要があった。

開けた地形の場所ではチャーチルが先頭に立ったが、いまやドイツ軍防御戦術の要となった、戦車壕に車体を隠したティーガー、突撃砲、対戦車自走砲の迎撃で、またたく間に損害をこうむっていた。この問題を解決するために、各チャーチル中隊に1個ないしは2個の戦車駆逐車小隊が増強された。3インチ砲(76mm砲)を搭載するM10、17ポンド砲を搭載するアキリーズ、アーチャーといった戦車駆逐車は、攻撃開始前に入念に射撃陣地を選んで入り、チャーチルの進撃路上に現れた敵装甲車両とわたりあった。ときにはこれらの戦車駆逐車は歩兵の目標掃討間に、補給のために前進補給所へと下がったチャーチルに代わって、大隊の対戦車砲が陣地につくまでの警備の任をつとめることもあった。

1944年のイタリアでは、チャーチルが不足していたことで事情は少し異なっていた。各歩兵戦車中隊の3個小隊の内、2個までがシャーマン装備であった。チャーチルに比べて装甲防護には劣るものの、射撃統制装置にすぐれていたシャーマンは、突撃の第二陣に用いられ、しばしば下がった地点から直接照準もしくは準間接照準射撃で先頭を進むチャーチルを支援した。冬に入って戦車旅団が解体されたことでチャーチルの供給は改善され、1945年には戦車連隊はチャーチル装備の完全編成で戦いを開始できた。

1944〜45年に歩兵/戦車直協戦術は、高度に専門化された各兵科の協同というかたちで完成をみた。戦車は、敵の歩兵、機関銃座、トーチカ、小要塞を潰し、敵装甲車両とわたりあい、占領地点が確保されるまで敵の反撃に備え待機した。歩兵は、対戦車破壊チームやずる賢く身を隠した対戦車砲から戦車を守り、目標を制圧し保持した。戦車駆逐車は、ドイツ軍対装甲車両が火力・射程に劣るチャーチルを討ち取ることを防いだ。前進観測将校(FOO)によって指揮される砲兵は、攻撃準備射撃に加えて、必要とされる時間に必要とされる地点に正確に集中砲火を浴びせたのである。特定の作戦においては内容に応じて突撃工兵器材が増強兵力として与えられ、各種のAVRE(装甲工兵戦闘車)、クラブ地雷処理戦車、アーク自走戦車橋といった車両が、北西ヨーロッパ戦域では第79機甲師団、イタリアでは第25機甲工兵旅団から供給された。

チャーチルの戦場での活躍を語るには、ともに戦った歩兵に与えた精神的支援について言及する必要がある。敵に与えたおびただしい損害や、戦車の存在によって救われた将兵の生命といった表立った効果のほかに、戦車は攻撃前進中に、占領地点確保に必要な有刺鉄線や歩兵用の予備弾薬を運び、歩兵が欠いていた信頼できる連絡線を確立するなど陰の部分でも立派な働きを示した。また戦闘終了後は、車載救命箱の医薬品を使って歩兵の軽傷者を手当てし、より深手を負ったものは機関室デッキに載せて救護所へと運んだ。こうした献身的な奉仕や、幾度と無く死線をともに越えた経験は、歩兵/戦車直

訳注7:ホローチャージ効果に関しては47頁の図版G2解説を参照のこと。

上●チャーチル装甲工兵戦闘車(AVRE)は、多種多様な戦闘工兵任務を達成できた。写真にみる通り、290mm臼砲はコンクリート製目標の破壊に威力を発揮した。

下●「ゴシックライン」の戦闘において、アーク架橋戦車の隊列が自走進入して川にかけた戦車橋を渡ってゆく、M10戦車駆逐車。1944年からチャーチル中隊は戦車駆逐車の支援を受けるようになった。先頭の車両には英第5軍団の自走対戦車連隊のマーキングが施されており、王立砲兵第105対戦車連隊の所属車と考えられる。写真左には遺棄されたパンターA型が写っている。

[編注:写真にみられる特徴をもつパンターは従来D後期型といわれてきたが、最近の研究ではA型とされている。本シリーズに著作のあるドイツ軍用車両研究家トム・イェンツ氏とヒラリー・ドイル氏も、このタイプをA型としており、本書もこれにならっている]

協戦術を部隊が習得する以前から、両者のあいだに固い信頼を育んでいたのである。

operation 'jubilee'

「ジュビリー」作戦——ディエップの惨劇

　1942年の8月、王立戦車軍団(RAC)第147(ハンプシャー)連隊は、イングランド南岸のワージントンに駐屯していた。装備するNo.19無線機を使っての無線傍聴は連隊の日課であったが、8月19日の早朝の傍聴はいつもの退屈さを打ち破るものとなった。しかも、夜明けを前にして、受信される内容はせっぱ詰まった緊急送信ばかりとなっていった。送話者の発音はカナダなまりで、いずれの送信も戦車兵によるものであることは明らかであった。無線係は懸命に傍受内容の記録をとったが、緊迫した戦闘状況下で発せられる言葉は早口で、銃砲声の轟音がかぶさって聞き取りにくかった。送信は数時間続いたが、やがて午前中の半ばに途絶えてしまった。

　ディエップ襲撃を報じる新聞発表を待つまでもなく、すでに無線傍受記録はその朝何がおきたのかをはっきりと告げていた。それは、街の前面の浜辺で全滅した第2カナダ師団に関する悲壮な第一報であり、第14陸軍直轄戦車大隊もしくは「カルガリー」連隊として知られた部隊が装備する、チャーチルの砲塔からみた戦場の姿を知らせるものであった。

　ディエップ襲撃の目的は、要塞化された重防備の敵沿岸占領地区に強襲上陸をかけてドイツ軍の防御能力を試し、将来予定されているヨーロッパ大陸反抗のための戦訓を得るというものであった。この作戦での「カルガリー」連隊の任務は、「エセックス・スコティッシュ」連隊と「王立ハミルトン」軽歩兵連隊が海岸から市街へ向かうのを支援し、その後、サン・トーバンの飛行場に砲撃を加え、続いて師団司令部が置かれているとみられるアーク=ラ=バタイユの城館を攻撃するというものであった。

　東と西の両端を岬で区切られた海岸は、玉砂利に覆われた勾配のきついもので、たいていがチャーチルの超堤能力を超える高い護岸堤防が海浜の全幅を横切っていた。その

車体前端に初歩的なカーペット延伸用のボビンを装着したチャーチルMk.III。ディエップ上陸の先鋒を務めたC中隊の所属車。

背後には、かつては園芸植物園であった空地が広がり、続いてフォッシュ大通り、その向こうにホテルと街の家並みが姿をみせた。海浜のすべての地点は、注意深く設けられた対戦車砲座と機関銃座の十字砲火の火線に覆われるようになっており、大通りの街の入り口にはコンクリート製の対戦車障害物が設置されていた。
　「カルガリー」連隊のチャーチル戦車には、LCT（戦車揚陸艇）から発進して海岸まで海中を渡渉するのに備えて、防水処理が施され延長排気管が装着された。キャタピラの動きによって簡単にえぐられてしまう玉砂利への対策として、LCTから最初に発進する戦車は、カーペットを巻き付けたボビンを装着していた。このカーペットは木の棒を定間隔で挟み込んだバーラップ布製のもので、戦車の前方に掲げられたボビンから延ばされて、戦車自身がその上を進んで護岸堤防まで到達し、後続の戦車のために道をつけるというものであった。
　なお、護岸堤防が戦車に高すぎる場合には、工兵が前進して護岸堤防の一角を爆破して突破口を開き、続いて工兵は街の入り口を塞ぐ対戦車障害物も爆破する手はずとなっていた。しかしながら、工兵には装甲車両が与えられておらず、銃砲火に対してきわめて脆弱であった。
　いうまでもなく、東西の岬は海岸への上陸開始以前に占領されていなければならなかった。しかしこの作戦で、英連邦軍は徹底してつきに見放され、また、作戦も計画通りに進まなかったために、ふたつの岬はドイツ軍の手中に残ったままとなった。「エセックス」「ハミルトン」「カルガリー」連隊の将兵を載せた上陸用舟艇が海岸に到達したとき、そこは忌むべき死の罠となっていたのである。両側の岬から撃ち下ろされる銃火は海浜をくまなく叩き、上陸用舟艇は護岸堤防の向こう側の家屋からの機関銃掃射で穴だらけとなった。いくつもの小隊が舟艇のランプから飛び出したとたんに全滅し、わずかな生き残りは身を隠す窪みを得ようと、必死に玉砂利を掻いた。
　戦車の上陸は、以下のように四波に分けて実施されることになっていた。
第一波…合計戦車9両の2グループ、歩兵が随伴。
第二波…戦車12両の1グループ。
第三波…戦車16両の1グループ。
第四波…連隊の残り部隊。
　上陸第一波には、3両のオーク火焔放射戦車（チャーチルの派生型）が含まれていたが、1両は海岸からまだ遠い地点でLCT（戦車揚陸艇）を発進したため水没。2両目は片側のキャタピラを撃ち飛ばされてかく座。3両目は放射用燃料タンクを撃ち抜かれて、またたく間に地獄の業火に包まれた。さらに3両の戦車がキャタピラを失うか、玉砂利にはまって車体底面が接地して身動きができなくなった。結局、「クーガー」「チータ」「キャット」と名づけられた残りの3両だけがカーペットの上を進んで護岸堤防に達し、これを乗り越えた。そして、同じように手ひどく撃たれた上陸第二波の生き残り4両がこれに続いた。
　上陸第三波は、予備の歩兵大隊である「フュージリアーズ・モント・ロイヤル」とともに海岸へと向かった。しかし、途中で遮蔽用の煙幕が薄れ始めたことでLCT（戦車揚陸艇）が被弾損傷、海岸に到達できた戦車は10両だけであった。この内、7両が海岸を離れて進出した。しかし、1両は護岸堤防にひっかかって走行不能になり、それでも砲身を目いっぱい下げて家屋への射撃を続けた。「カルガリー」連隊長のアンドリュース中佐は、海岸より手前で発進して水没した自分の戦車から乗員を救出した直後に、浅瀬で銃火に倒れた。
　いまや、海岸に上陸した戦車の約半数が護岸堤防を越えるのに成功し、市街のドイツ軍と交戦していた。トーチカとして使われていたフランス戦車はクーガーの一撃で四散し、チータは庭園に作られた掩蔽壕と撃ち合って、逃げ出したドイツ兵を砲火でなぎ倒した。残りの戦車もホテルと家屋からの射撃を制圧し、ある一両は家屋の一軒に体当たりして

右頁●ディエップ海岸と護岸堤防の全景。ドイツ側による撮影。かく座したチャーチルの車体後面には、左から兵科マーキングと連隊番号、続いて識別標識、中隊/小隊マーキング、旅団シンボルの順で描かれている。機関室上のパイプは破損した徒渉用排気管。

訳注8:「ジュビリー作戦」は、ソ連による西側連合国への第二戦線の早期開設要求、チャーチルがアメリカに対し大陸への軍事行動実施を約束したこと、英連邦軍内部での勢力争いといった、軍事的な必要よりも複雑な政治的事情を背景に実施された。しかし、事前の情報収集はまったくの不備であり、ドイツ軍司令部の所在、具体的な配置はわかっていなかった。さらに、イギリス海軍が狭い海峡に戦艦を入れることを嫌ったため、上陸に先立っての艦砲射撃による火力支援が不足したことも惨劇を呼ぶ結果となった。4963人のカナダ軍参加部隊の内、実にその68パーセントにあたる3367名が戦死・負傷するか捕虜となった。

倒壊させ、ドイツ兵を生き埋めにした。これだけ奮戦しても、対戦車障害物の存在はチャーチルが市街地へと突入することを阻んでいた。工兵の爆破班は海浜での熾烈な十字砲火で戦死するか、その場に釘付けになって動けなかったのである。

「カルガリー」連隊の第四波は結局、上陸しなかった。0900時(午前9時)、作戦司令官はこれ以上の作戦続行は無意味であると判断、撤退を決心し発令した。6両の戦車だけが海岸へと戻った。戦車兵の救出が試みられたもののうまくゆかず、イングランドに帰還できたのはわずか1名だけであった。連隊の損害は、戦死13名、負傷4名、捕虜になった者157名であった。その晩、無慈悲な総力戦の時代であることを忘れたかのようにドイツ空軍機が飛来し、シーフォードの「カルガリー」連隊の兵舎に、生き残った将兵を写した写真の束を投下していった。

カナダ軍歩兵にとって、「ジュビリー」作戦は血みどろの惨劇に終わった。しかし、この高価な代償は各種の装甲工兵車の開発を促すことになり、のちの1944年6月6日のノルマンディ上陸作戦では、多くの将兵の命を救う結果となったのである(訳注8)

africa

アフリカ戦線

「キングフォース」部隊
'Kingforce'

イギリス国内の戦車開発者のあいだでは、現状のチャーチルのエンジン冷却システム

では砂漠の戦場で冷却能力に不足をきたすのではないかとの疑念が広がっていた。そこで、この論議に終止符を打つために、第二次エル・アラメイン戦（訳注9）での実戦試験を目的に、6両のMk.Ⅲが船で送り出された。この急造の小部隊は「キングフォース」と名づけられ、「王立グロスター軽騎兵」連隊のノリス・キング少佐に率いられていた。

　部隊は当初、第7自動車化旅団の支援にあたるものとされていたのだが、攻勢開始直後の数日間、地雷原の通過渋滞にはまってしまい、第1機甲師団の指揮下に組み入れられた。「キングフォース」の実戦参加の機会は2回あった。最初の戦闘は1942年10月27日、「キドニー・リッジ」の近く、二度目の戦闘は11月3日のテル・エル・アカーの大規模な戦車戦であった。この二度の戦闘で6両の戦車は合計して106発の徹甲弾と榴弾の命中を受け、損害は全損（焼損）1両、キャタピラへの損傷による走行不能1両、砲塔の旋回不能1両であり、戦死者7名、負傷者8名を出した。全損戦車には、ドイツ軍の75mm砲弾1発と50mm砲弾2発の貫通（内1発は燃料タンクへ到達）が確認された。また、6ポンド砲弾の貫通が砲塔後部に3発と、変速機コンパートメントに1発確認された。これらはおそらく、かく

訳注9：第二次エル・アラメイン戦。1942年5月、ガザラ戦の敗北によりマルサ・マトルーへと後退したイギリス軍は、さらに防備を強化するためにエル・アラメインの防衛線へと後退した。7月にはこれを追ったロンメルのドイツ軍とのあいだにルウェイサト尾根を巡る消耗戦が繰り広げられた（第一次エル・アラメイン戦）。9月のアラム・ハルファへのドイツ軍攻勢を頓挫させたことで、戦いの主導権はイギリス軍へと移った。英第8軍の指揮を引き継いだモンゴメリー将軍は充分な準備の後、10月23日夜に一大攻勢「スーパーチャージ」作戦を発起した。一週間の激戦の後、ドイツ軍戦線は崩壊し、1000キロ後方のエル・アゲイラを目指しての大撤退が開始された。

上●1942年10月27日、「キドニー・リッジ」近郊で撃破された「キングフォース」のチャーチルMk.III。アップルビー少尉のT31665R号車。

下●1942年11月3日、テル・エル・アカカーで大破したハワード少尉の車。同車は「50mm砲の猛射にさらされ、左前部誘導輪に続けさまに命中した2発は、キャタピラを切断し七つ歯の誘導輪セグメント(歯車)2個を撃ち飛ばした。命中弾で主砲は発射不能となり車体前部機銃カバーはひん曲がった。榴弾により車長ハッチは外れペリスコープが粉砕された」(「キングフォース」報告書より抜粋)。
(Colonel P.W.H.Whitely, O.B.E. T.D.)

座したチャーチルを撃って炎上を促進させ、戦場にくすぶりたなびく黒煙を晴らして良好な射界を取り戻そうとした、オーストラリア対戦車砲兵によるものと考えられた。なお、「キングフォース」のあげた戦果は、戦車5両、対戦車砲3門撃破であった。

この戦闘に関する技術報告書は、A20の時代から密接にチャーチルの開発に関わっていた、王立戦車連隊(RTR)のA・L・ディーンズ中尉によって記された。

「二度の交戦において常にこれらの戦車は、主攻部隊であるシャーマンのかなり前方を進んだ。戦車はきわめてはげしい敵の射撃にさらされたが、驚嘆すべき強靭さをもってこれをよく持ちこたえた……」

「戦車兵はイングランド各地の訓練連隊から送られてきたばかりの新兵で、チャーチルに関してわずかな知識をもっていたが、砂漠戦の経験はまったくなかった。下士官は逆にいくばくかの砂漠戦の経験を有していたものの、チャーチルをみるのはこれが初めてであった。部隊は編成後13日目で実戦に投入されたわけだが、戦車兵はようやく日常点検の要領を覚えたばかりというありさまであった……」

「一部の戦車はときおり、暑熱の下でのエンジン始動にてこずることがあったが、これは操縦手の技量未熟に起因するものと判断される」

報告書はまた、懸案であるオーバーヒートの発生が皆無であったことを報じたが、同時に戦闘が10～11月の比較的に涼しい期間に北部でおこなわれたことも指摘し、夏の南部の戦場では違った結果となったであろうことを強調していた。この報告書に基づいて速やかな決断が下され、チュニジアの第1軍を支援するために、2個チャーチル戦車旅団の派遣が決定された。

「キングフォース」はこの戦闘ののちすぐに解隊されたが、その後も西部砂漠戦域に残置されたチャーチルの行方に関しては、陸軍回収部隊主席将校であるP・W・H・ホイットリー大佐が第8軍機械技術副総監のために用意した11月5日付の報告書に、わずかに記されている。

「ムーントラック道とスプリングボック道の交差点に配置された5両のチャーチルは、一時的に第86副地域本部の指揮下に置かれ、ナイル三角州への撤収のため待機中である。内1両は起動輪を損傷しており、同地において全損チャーチルの部品を用いて交換修理を実施中である。撤収の優先順位は低いが、ハマム鉄道駅を経由しての輸送が予定されている」

ドイツ軍の「オクセンコプフ」攻勢(訳注10)
'Ochsenkopf'

訳注10：チュニジア戦について。11月8日、エジプト国境エル・アラメインでの決戦に呼応しドイツ軍の背後を衝くかたちで、連合軍ははるか西のモロッコ、アルジェリアへと上陸した。ドイツ軍の策源地である重要な港湾を擁するチュニジアをゴールとした競争が始まり、アフリカ戦線の失陥を恐れたドイツ軍も増援部隊を続々と送り込んだ。補給線が伸び切ったことと雨季の悪天候もあって、連合軍の攻勢は停滞した。翌1943年2月14日、ドイツ軍の攻勢で戦いは再度本格化し、戦闘未経験のアメリカ第1機甲師団はカセリーヌ峠で叩きのめされた。しかし、本文中にあるとおり攻勢は失敗し、退却したドイツ軍が再発起したのが「オクセンコプフ」攻勢である。結局、北アフリカ戦は1943年5月に終了し、ドイツ・イタリア軍の25万人が捕虜となった。

北アフリカへ最初に配備されたチャーチル装備部隊は、「ノース・アイリッシュ・ホース」連隊、第51王立戦車連隊(RTR)、王立戦車軍団(RAC)第142連隊により編成された第25戦車旅団で、カセリーヌ峠地区においてロンメルがアメリカ第2軍団を圧倒していた時期に投入された。ドイツ軍の戦略目標はアメリカ軍戦線を突破したのちに北に旋回し、北部チュニジアの連合軍を包囲の危機に陥れ、総退却を強いるというものであった。この作戦ではル・ケフの十字路の確保が焦点であり、危機に対処するため第142連隊がほかの部隊とともに南へ急派された。一部のチャーチルは戦車運搬車で運ばれたが、ほかは100マイル(160km)を越える道程を24時間で走破してみせた。敵はスベイトラ＝スビバ道沿いにル・ケフに進出するとみられたため、スビバの南に防御線が敷かれた。2月21日、2個チャーチル小隊は「コールドストリーム近衛」連隊の1個歩兵小隊とともに反撃に出、道路東側の尾根を占領し、敵の機関銃座と対戦車砲陣地を粉砕した。尾根を越えての続く攻撃は撃退され、戦車3両が失われた。その夜、ドイツ軍は交戦を中止し南への退却を開始した。このカセリーヌ峠の戦塵が収まりきらないうちに、ドイツ軍は新たに「オクセンコ

プフ（雄牛の頭）」攻勢を発動した。新攻勢は、連合軍の予備兵力が南部に引き付けられているあいだに、手薄な戦線北部と中央部を突くというものであった。「オクセンコプフ」の南部攻勢軸は、エル・アルーサの交差点を目指していた。ここからは、北はメジェズ・エル・バブ、東はブー・アラダへと道路が延びていた。エル・アルーサでは、急遽集成された「Y」師団が第51王立戦車連隊（RTR）A中隊と第142連隊C中隊を指揮下において、守りについていた。

　2月26日、町の東数kmの地点においてサフォーク戦車中隊は、1個戦車中隊に支援された「ヘルマン・ゲーリング」降下師団の2個降下猟兵大隊を相手に、単独で見事な戦いぶりをみせた。戦車1両の損失と引き換えに、戦車壕に車体を隠したチャーチルは、敵戦車4両を撃破しさらに3両に損傷を負わせ、88mm砲1門を破壊した。支援戦車を失ったことで降下猟兵は前進を中止した。

第51王立戦車連隊（RTR）C中隊のチャーチルと「ハンプシャー」連隊の装甲兵員輸送車。ピション／フォンドゥク戦での撮影。

　ドイツ軍は計画を変更し、エル・アルーサを迂回して北に向かった。2月27日の夕刻、「Y」師団長はメジェズ・エル・バブ道が遮断されたとの報告を受けた。師団長は敵の兵力を確かめるために、翌朝の威力偵察の実施を決心した。偵察部隊はE・W・ハドフィールド少佐の率いる第51王立戦車連隊（RTR）A中隊と、「コールドストリーム近衛」連隊の1個歩兵中隊、25ポンド砲を装備する1個砲兵小隊により編成された。偵察部隊は教範通りに偵察を実施しながらゆっくりと前進し、1600時（午後4時）には「蒸気ローラー農場」として知られる集落へと近づいた。集落の向こう側に伸びる上り坂は、峠の頂上へと繋がっていた。

　突如、チャーチルは対戦車砲火を浴びせられた。それらは農場の周辺に陣地を掘って据えられた対戦車砲からのもので、歩兵が展開するあいだ、チャーチルは撃ち返した。射撃戦が最高潮に達したそのときに、戦場上空にドイツ軍のシュトゥーカ急降下爆撃機の一隊が現れ、混乱に拍車をかけた。シュトゥーカは連続する深いワジ（涸れ谷）に行く手を阻まれていた戦車に襲いかかり、爆弾の雨を降らせた。いくつかの対戦車砲陣地を潰したものの、砲爆撃によるチャーチルの損害も大きかった。ハドフィールド少佐は師団司令部に状況を報告したが、逆に損害を省みずに農場を突破し峠へ到達せよとの厳命を受けた。

　少佐は第1小隊長E・D・ホランズ大尉を呼び出し、峠へ到達することを命じた。いまや小隊の稼動戦車は「アドベンチャラー」ただ1両を残すのみとなっていた。「アドベンチャラー」は不死身の猛獣であるかのように、唸りを上げて農場へと続く土手道を突き進んだ。最初の曲がり角を回ったところで、ホランズは88mm砲と顔を突き合わせる羽目になったが、即座に放った一弾でこれを破壊した。「アドベンチャラー」は坂道を登り始め、ふたたびブラインドカーブを回ったところで、30ヤード（約27m）先にふたたび88mm砲を発見した。今度は88mm砲が先に発砲し、砲弾がチャーチルの砲塔をかすめた。2発目は完全に照準が外れていた。すると度を失ったドイツ砲兵は砲を捨てて逃げ出し、チャーチルの車体機関銃になぎ倒された。

　ホランズは道を外れると、ドイツ軍陣地と撃ち合いながら、岩だらけの急斜面を登り頂上を目指した。数分後にはJ・G・レントン中尉のチャーチルが、ホランズに追いついた。2両の戦車は連隊史に「一生分の弾を撃った」と記されるほどの猛射をおこなって、頂上の向こう側に停車していたドイツ軍の輸送隊を殲滅し、さらに愚かにも向かってきた2両のⅢ号

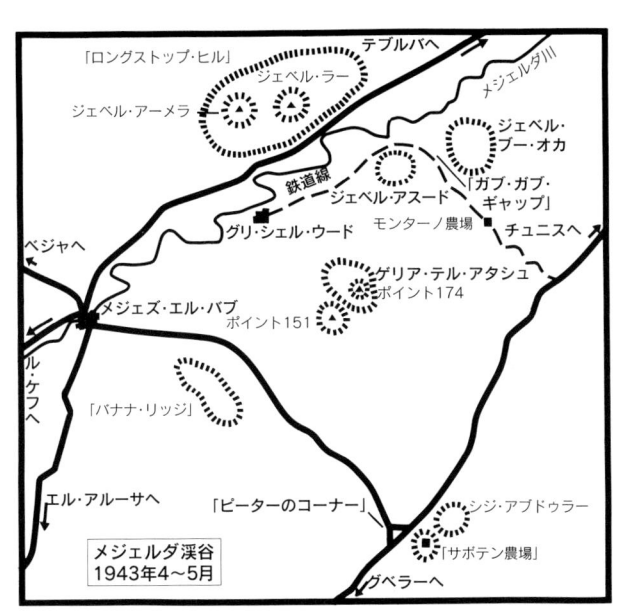

戦車を撃破した。撤収命令が下ったときに、ホランズのチャーチルはバッテリーがあがってしまっていた。敵戦線に1マイル（1.6km）も食い込んだ地点で、銃火にさらされながら両車の乗員は牽引ワイヤーをつなぎ、レントン車に牽かれた「アドベンチャラー」はエンジン始動に成功した。2台の戦車は無事に中隊へと帰還した。

ハドフィールドは交戦を中止してゆっくりと部隊を後退させ、敵の負傷者収容をそのまま見守った。A中隊は多数の車両を失ったが、ドイツ軍が農場から撤退したので数日後にはすべてが回収された。無傷のチャーチルは1両も無かったが、部隊はこの戦闘で敵戦車2両、対戦車砲8門、軽高射機関砲2門、迫撃砲2門、各種車両25両を破壊し、敵200名を倒す戦果をあげたのである。

無線傍受班員は、「蒸気ローラー農場」のドイツ軍守備隊長がアフリカ第2航空軍司令部に宛てて発した、「登坂不可能な斜面を登るイカレた戦車大隊」の攻撃を受けて撤退の止むなきに至ったとわめき立てる、興奮した送信を耳にして喜んだ。

［著者注、この戦いの功績を称え、ホランズ大尉には殊勲章（D.S.O.）、操縦手のジョン・ミトン二等兵には武勇章（M.M.）、レントン中尉には戦功十字章（M.C.）が授与された。この戦いの詳細に関しては拙著『Through Mud and Blood』（Robert Hall刊）147～151頁を参照されたい］

メジェルダ渓谷
The Medjerda Valley

一方、時を同じくして「オクセンコプフ」攻勢の北部攻勢軸は、もうひとつの重要交差点であるベジャを目指していた。攻撃の先頭には、ルドルフ・ラング大佐の率いるティーガー14両、Ⅳ号戦車20両、Ⅲ号戦車40両というドイツ装甲戦力の主力が立った。ラングにとって不幸だったのは進撃ルートの地形の悪さで、狭い渓谷沿いに走る曲がりくねった道路は戦車の適切な運用を阻んでいた。2月26日、ドイツ軍の攻撃縦隊はシジ・ンシャーで、ハンプシャー第5大隊と王立砲兵第155中隊による小守備隊に足止めを食らった。後退できたのはわずか120名の歩兵と9名の砲兵だけという、英雄叙事詩的な英兵の奮戦が展開され、ラングは貴重な一日を失った。この一日を、英軍は数キロ後方の「ハンツ・ギャップ」の主防御線の強化に利用した。翌日、前進を再開したところでドイツ軍は、野砲と中砲（訳注11）の充分な砲兵支援を受けた「ハンプシャー」第14大隊と同第24大隊、「レスター」第2/5大隊の3個歩兵大隊と「ノース・アイリッシュ・ホース」連隊の2個チャーチル中隊による、巧妙に敷かれた防御陣地にぶつかった。

中砲に叩かれ、対戦車砲と戦車壕に入ったチャーチルの側面射撃にさらされたことで、ドイツ軍の二度にわたる戦車攻撃は撃退され、戦場にはかく座した戦車が遺棄された。夕刻にはドイツ軍の攻勢が頓挫したことは明らかとなり、「ノース・アイリッシュ・ホース」連隊は、全軍で初めて直接照準射撃によってティーガーを撃破した機甲連隊として認められた。「オクセンコプフ」攻勢の失敗によりイギリス第1軍の戦線は安定し、アフリカ戦の焦点は、イギリス第8軍がマレト防御線とワジ・アカリットを攻略中であったチュニジア南部へと移

訳注11：英軍独特の呼称で、野砲は師団砲兵の装備する25ポンド砲（口径87mm）、中砲は軍団砲兵の装備する5.5インチ砲（口径140mm）をさす。第二次大戦当時、師団砲兵は口径105mm、軍団砲兵は口径150mmというのが一般化したが、イギリスの砲が他国よりも小口径なのは、大量に消費される弾薬の供給を考慮した結果、砲弾の材質にグレードの低い鋼鉄が選ばれたことによる。砲弾の強度が低ければ、発射火薬の力も落とさなければならず小口径化したのである。

メジェルダ渓谷の戦闘は、チャーチルが戦闘単位として投入された最初の戦いとなった。

った。そこで、北部へ退却したドイツ軍を南部に残る枢軸軍と遮断するために、英第1軍はフォンドゥク峠を進んで海岸平地の町ケルーアンの占領を目指す作戦を発動した。作戦は4月8日に開始され、第51王立戦車連隊（RTR）はピション近郊で第128「ハンプシャー旅団」を支援した。目標を占領したところで、連隊は高原を南へ下ってゆけば、眼下の峠を対戦車砲火で制しているジェベル・ローラブを占領できることを発見した。しかし、攻撃の意見具申は却下され、同日の午後に峠を強行突破しようとした「第17/21軽騎兵」連隊のシャーマンは、全滅に近い損害を被ってしまった。翌日、峠は奪取されたものの、イタリア第1軍はすでに北へ脱出したあとであった。

枢軸軍はいまやチュニジアの北東角に追い込まれ、山岳防御線に突破口が穿たれれば英機甲師団群が背後の平地に突破してアフリカ戦は終わりとなることを、両軍はともに認識していた。英軍はその突破地点として、交通の要衝メジェズ・エル・バブ東方のメジェルダ渓谷を選び、戦車に支援された歩兵師団群が集中された。戦車戦力は「ノース・アイリッシュ・ホース」連隊、王立戦車軍団（RAC）第142連隊に加えて、新たにアフリカに到着した第21戦車旅団（第12王立戦車連隊（RTR）、第48王立戦車連隊（RTR）、王立戦車軍団（RAC）第145連隊「デューク・オブ・ウェリントン」により編成）も投入された。なお、もうひとつの突破作戦が、第51王立戦車連隊（RTR）に支援された第46歩兵師団によりブー・アラダ東方で試されたが、数度の激戦ののちに中止された。

渓谷の北側には、ジェベル・アーメラとジェベル・ラーのふたつの頂きをもつ有名な「ロングストップ・ヒル」がそびえていた。一方、渓谷の南には海岸平地に向けていくつかの尾根が並んでいた。さらに南ではこの錯綜した地形を大きく迂回するようにして、メジェズ・エル・バブとチュニスを直接結ぶ道が走っていた。なお、この一戦は大攻勢を支援するためにチャーチルが集中投入された、最初の戦いとなった。

4月21日、ドイツ軍は先制攻撃をかけて「バナナ・リッジ」と呼ばれる尾根を占領した。第48王立戦車連隊（RTR）、王立戦車軍団（RAC）第142連隊、同第145連隊は攻撃を食い止めたのち反撃に移り、日没時には尾根はイギリス軍の手中に戻った。

この2日後、英第1軍は攻勢を発起し、第145連隊は第24「近衛」旅団を支援してポイント151、第142連隊は第2歩兵旅団を支援してゲリア・テル・アタシュの攻撃に向かった。ゲリア・テル・アタシュを巡る戦いは激戦となり、両軍のあいだで幾度も争奪が繰り返された。第142連隊長のA・S・バークベック中佐は、逆襲の陣頭指揮中に戦死した。尾根は第48王立戦車連隊(RTR)と増援歩兵が投入された、翌日の晩になってようやく英軍のものとなった。

渓谷の北側では4月23日に、第36旅団が「ロングストップ・ヒル」の西の頂きであるジェベル・アーメラの占領に成功した。ここでは登坂力で知られるチャーチルにとってすら傾斜が急すぎて、歩兵は独力で頂上を攻略し大損害を喫していた。頂上を占領した時点で、「アーガイル」第8大隊は40名にまで戦力を減少させていた。その3日後、「ノース・アイリッシュ・ホース」連隊は「ザ・バフス」第5大隊を支援して、ジェベル・ラーへ向かった。戦闘の様子は以下のようであった。

「ときには、炸裂する砲弾に小隊がすっぽりと包まれてしまうこともあった。しかし歩兵は、あたかも平時の演習でもこなしているかのような豪胆さをみせて進み続けた。敵の機関銃座が攻撃を停滞させかけたが、第4戦車小隊の素早い攻撃でそれは沈黙させられた。ポイント289の南斜面を登りつめたオハラ軍曹車は、さらに3つの機関銃座を制圧した。アーメラとラーの頂きのあいだの鞍部では、ポープ中尉車が機関銃と迫撃砲陣地を相手に戦っていた。鞍部を狙うにしてはまずい位置に陣取っていた敵の75mm砲は、6ポンド砲の一発とBESA機関銃の一連射で、あっさりと降伏した。オハラ曹長車はさっそくラーの斜面に取り付き、見事これを登り切って頂上に達し、50名の捕虜を得た」[著者注：「ノース・アイリッシュ・ホース」連隊戦闘報告書より]。

ラーの頂きが「ザ・バフス」第5大隊の40名の損害だけで占領されたことで、「ロングストップ・ヒル」戦は終わった。捕虜となったドイツ軍守備隊長は「戦車がこんな高地まで登れるとわかったときに、私は戦いに負けたと実感した」と述懐している。

ガブ・ガブ・ギャップ
Gab Gab Gap

渓谷の南側では4月26日、第145連隊に支援された第24「近衛」旅団がジェベル・アスードを奪取し、不安定ながらもジェベル・ブー・オカ攻略のための端緒をつかんだが、それ以上の進出は不可能であった。このふたつの尾根のあいだの渓谷は「ガブ・ガブ・ギャップ」と呼ばれ、かなりの数のティーガーを含むドイツ戦車が昼間攻撃を繰り返していた。そのため占領地を確保するために、第48王立戦車連隊(RTR)、王立戦車軍団(RAC)第142連隊、同第145連隊は尾根を離れることができなかった。

ジェベル・ブー・オカでの停滞を嫌って、さらに南で別のルートが求められた。このルートの確立には、「サボテン農場」とシジ・アブドゥラーの防御陣地の火線下にある「ピーターのコーナー」交差点の占領が前提であった。4月28日と29日には、第12王立戦車連隊(RTR)に支援された第12旅団の攻撃が実施されたが、目標地点で激戦となり36両の戦車を喪失して失敗した。ティーガー9両の存在がドイツ軍守備隊(第5降下猟兵連隊第3大隊)を助けたのは事実だが、この局地的勝利は火炎瓶や磁気吸着地雷を手に悪鬼のごとく英

「ロングストップ・ヒル」に達した「ノース・アイリッシュ・ホース」連隊のチャーチルMk.III(左)とMk.I(右)。車体前端に装着された防塵エプロンは巻き上げられている。「チャーチルの一部が渓谷内を進む本隊に先行し、斜行隊形を組んで丘の斜面を進んだことで、ドイツ軍の対戦車砲はこれに対処せざるを得なくなり渓谷内への戦車への射撃機会を失った」(「ノース・アイリッシュ・ホース」連隊戦闘報告書より)。

戦車に肉迫攻撃をかけ続けた、降下猟兵自身が獲得したものであった。英戦車兵の敢闘精神に感銘を覚えた降下猟兵は、炎上する戦車から戦車兵を助け出したこともあった。降下猟兵には、英軍の作戦計画は場当たり的で準備不足であると受け取られた。事実、第12王立戦車連隊(RTR)の生き残りは、入念な偵察が事前に実施されなかったことを認めている。

　それからの数日を使って作戦は全般的に見直された。5月6日、渓谷を通っての進撃が再開され、右の攻撃軸には英第4歩兵師団と第21戦車旅団、左の攻撃軸にはインド第4歩兵師団と第25戦車旅団が、それぞれ配置された。このときにはドイツ軍の力も衰えていて、正午にはイギリス歩兵はジェベル・ブー・オカに達し、塹壕を掘り始めた。その日の午後一杯、第142連隊の戦車兵は、第7機甲師団が「ガブ・ガブ・ギャップ」を通って平地へと繰り出して行くのを眺めていた。ある兵は「それは英第1軍の将兵にとっては素晴らしい光景だった。西部砂漠戦域での戦い以降、戦車の大部隊が平地で機動するさまを目にすることは久しくなかったのだ」と述べている。

　この1週間後、永かったアフリカ戦は終了した。

italy

イタリア戦線

「ヒットラーライン」の突破
Hitler Line

　戦車旅団がふたたび戦場の砲声を耳にするのは、アフリカ戦終了から1年以上のちのこととなった。この間、チャーチルはアルジェリアに止まって、イタリア向けの輸送船の順番待ちをしてすごしていた。そのため、モンテ・カッシノ戦(訳注12)の知らせはただ手をこま

訳注12：モンテ・カッシノの戦い。カッシノ山はラピド渓谷とリリ渓谷の連接点であり、またローマへの主要進撃路である国道6号線を制する、「グスタフライン」の要衝であった。山頂には聖ベネディクト派の大修道院があり、ドイツ軍が観測所を置いていると信じた連合軍は、この歴史的旧跡にB-17爆撃機による大爆撃をかけ、廃墟にしてしまった。実際にはドイツ軍は修道院内にはいなかったのであるが、爆撃はドイツ軍に陣地利用の口実を与える結果となり、その後は精鋭である降下猟兵が立てこもり、血で血を洗う激烈な歩兵山岳戦闘が続いた。戦いは1944年1月の第一次攻勢から同年5月の第四次攻勢まで、120日間も続いた。

歩兵を跨乗させて「ゴシックライン」攻撃へと向かうチャーチル戦車。

カラー・イラスト

解説は46頁から

図版A1：チャーチルMk.I　第9王立戦車連隊(RTR)B中隊
英本土にて訓練中　1942年初期

図版A2：チャーチルMk.I　第43王立戦車連隊(RTR)A中隊
英本土　1942年中期

A

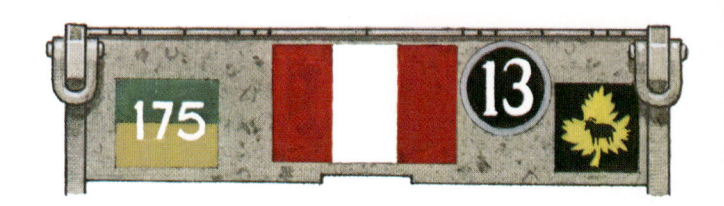

図版B1：チャーチルMk.Ⅲ　第1カナダ軍直轄戦車旅団「カルガリー」連隊C中隊
ディエップ　1942年8月

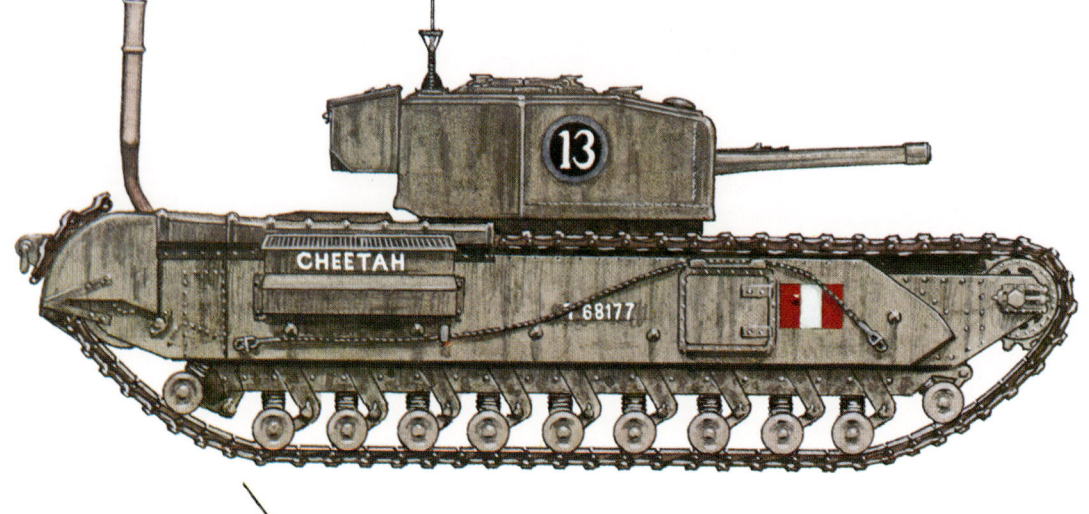

図版B2：チャーチルMk.Ⅲ　「キングフォース」　エル・アラメイン　1942年10月

B

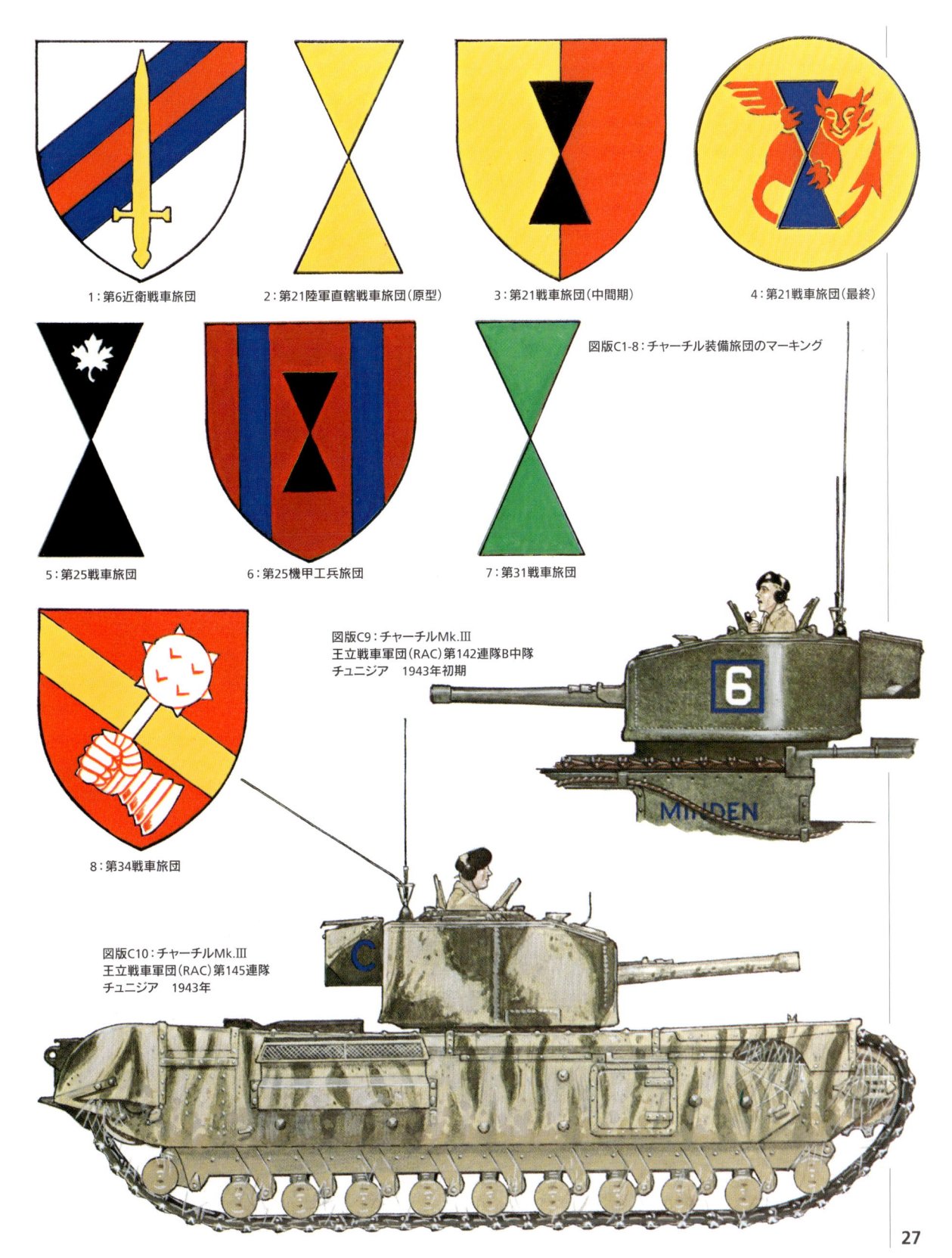

1：第6近衛戦車旅団
2：第21陸軍直轄戦車旅団（原型）
3：第21戦車旅団（中間期）
4：第21戦車旅団（最終）

5：第25戦車旅団
6：第25機甲工兵旅団
7：第31戦車旅団

図版C1-8：チャーチル装備旅団のマーキング

8：第34戦車旅団

図版C9：チャーチルMk.III
王立戦車軍団（RAC）第142連隊B中隊
チュニジア　1943年初期

図版C10：チャーチルMk.III
王立戦車軍団（RAC）第145連隊
チュニジア　1943年

C

図版D:
チャーチルMk.Ⅲ 第6「近衛」戦車旅団「スコットランド近衛」第3大隊
英本土／ノルマンディ 1944年

各部名称

1. ジャッキ台
2. ギアセレクター
3. 羅針儀
4. 注油器
5. 操縦手用ペリスコープ
6. 主砲弾薬庫
7. 6ポンド砲 (QF Mk.Ⅲ)
8. BESA機関銃
9. 動力旋回装置用電動モーターユニット
10. 照準望遠鏡
11. ペリスコープ
12. 2インチ爆弾投射機(訳注13)
13. ベンチレーター
14. 装填手／無線手ハッチ
15. 6ポンド砲砲尾
16. Aセット無線機アンテナ
17. No.19無線機
18. Bセット無線機アンテナ
19. 車長席
20. 消火器
21. 信号旗入れ
22. 変速機
23. 左メインブレーキ
24. 排気管
25. ベッドフォード複列12気筒エンジン
26. 左燃料タンク
27. トンプソン短機関銃用の20発入り弾倉
28. 車両登録ナンバー
29. 水タンク
30. 炭酸ガスボンベ
31. ブレン軽機関銃弾薬
32. BESA機関銃弾薬
33. ブレン軽機関銃とステン短機関銃
34. BESA機関銃弾薬
35. 毒ガス防護ケープ
36. 左スポンソンハッチ
37. ヘレンソン・ランプ
38. 識別標識
39. 車体機関銃手席
40. 工具箱
41. BESA機関銃弾薬
42. 水タンク
43. ハンドブレーキ
44. クラッチ
45. ブレーキ
46. アクセル
47. 操縦ハンドル
48. 操縦手席

訳注13:原語は「2 inch bomb thrower」。口径50mmの「爆弾」といっても実際は、安定翼をもつロケット弾であり、弾種も自車を隠すための発煙弾だけである。ドイツ戦車の「近接防御兵器」のような対人用榴弾は用意されていない。

仕様

乗員:5名
戦闘重量:39t
出力重量比:8.75hp/t
車体長:7.3m (24ft5ins.)
全長:7.3m (24ft5ins.)
全高:2.4m (8ft)
全幅:3.2m (10ft8ins.)
エンジン:ベッドフォード複列12気筒、350馬力
変速機:メリット・ブラウン式4速
操向装置:コントロールド・ディファレンシャル式
最大速度(路上):24.8km/h (15.5mph)
最大速度(路外):12.8km/h (8mph)
渡渉深度:1m (3ft4ins.、事前準備なし)
超壕力:0.75m (2ft6ins.)
武装:6ポンド砲 (QF Mk.Ⅲ)
主砲弾薬:6ポンド被帽徹甲弾 (APC)
　　　　　6ポンド仮帽付き被帽徹甲弾 (APCBC)
　　　　　6ポンド装弾筒付き徹甲弾 (APDS)
砲口初速:890m/sec (2965ft/sec、装弾筒付き徹甲弾)
装甲貫徹力:81mm (射程457m＜500yds.＞、弾着角30度)
搭載主砲弾数:84発
主砲俯仰角:-12.5度から+20度

29

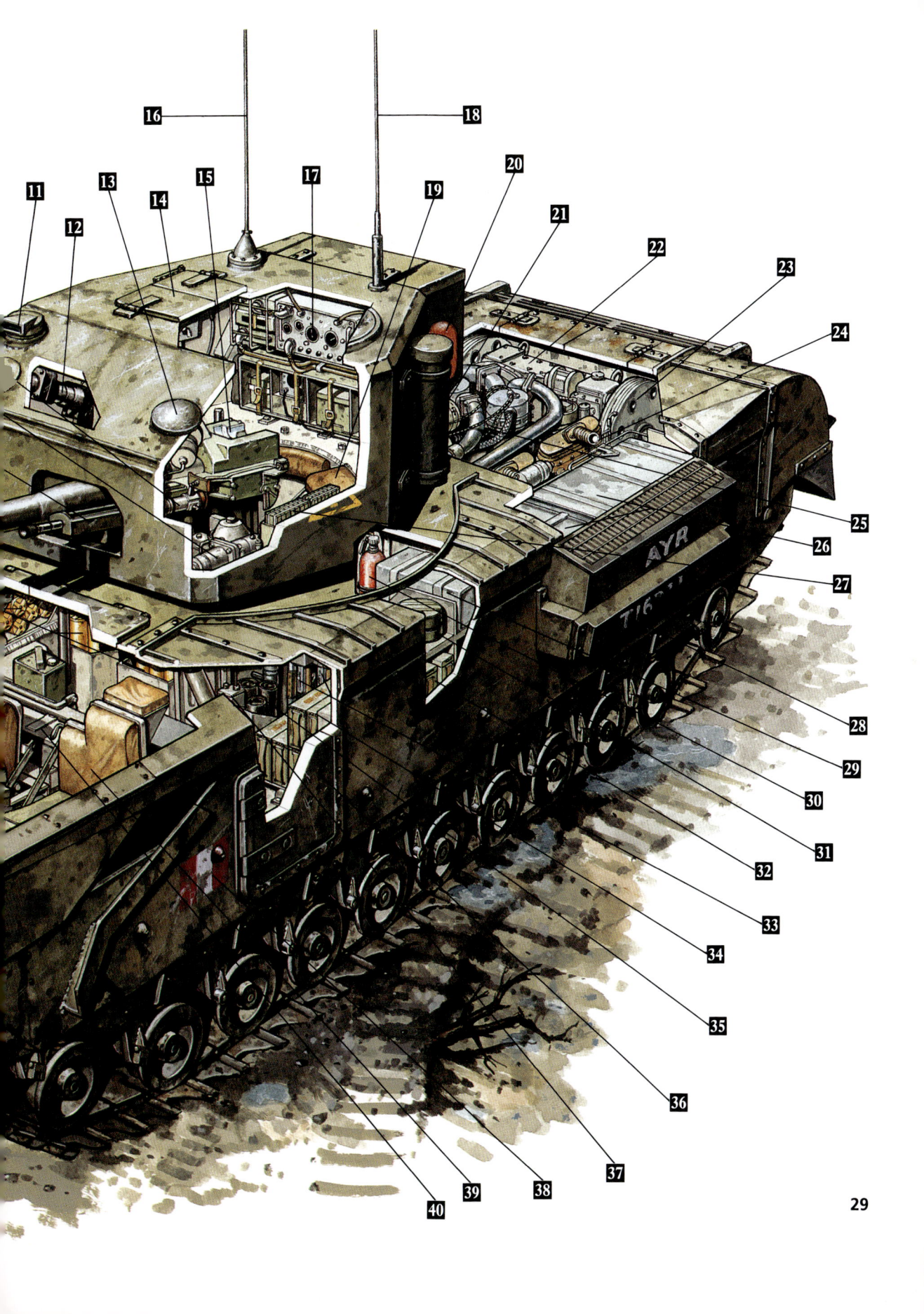

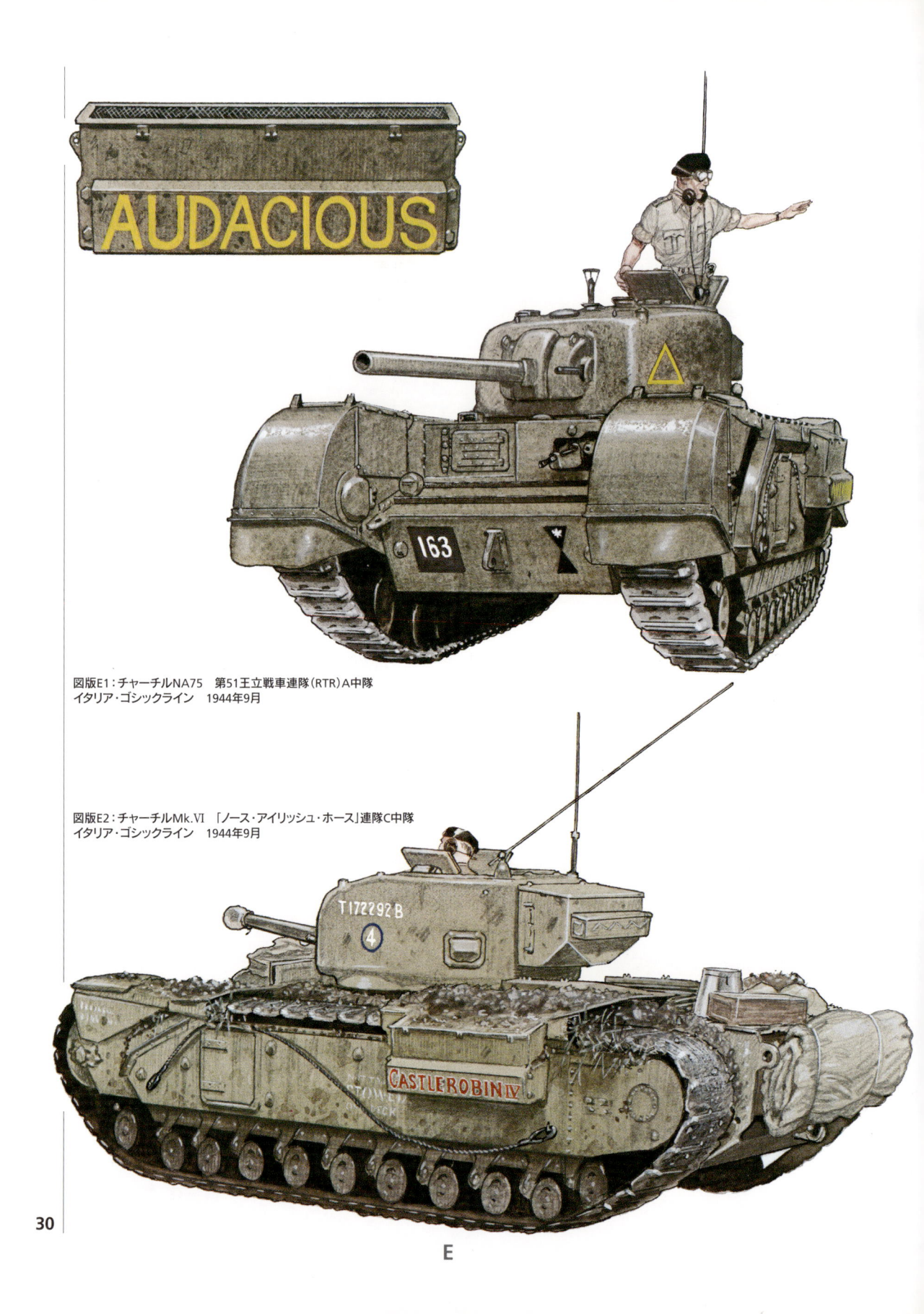

図版E1：チャーチルNA75　第51王立戦車連隊(RTR)A中隊
イタリア・ゴシックライン　1944年9月

図版E2：チャーチルMk.VI　「ノース・アイリッシュ・ホース」連隊C中隊
イタリア・ゴシックライン　1944年9月

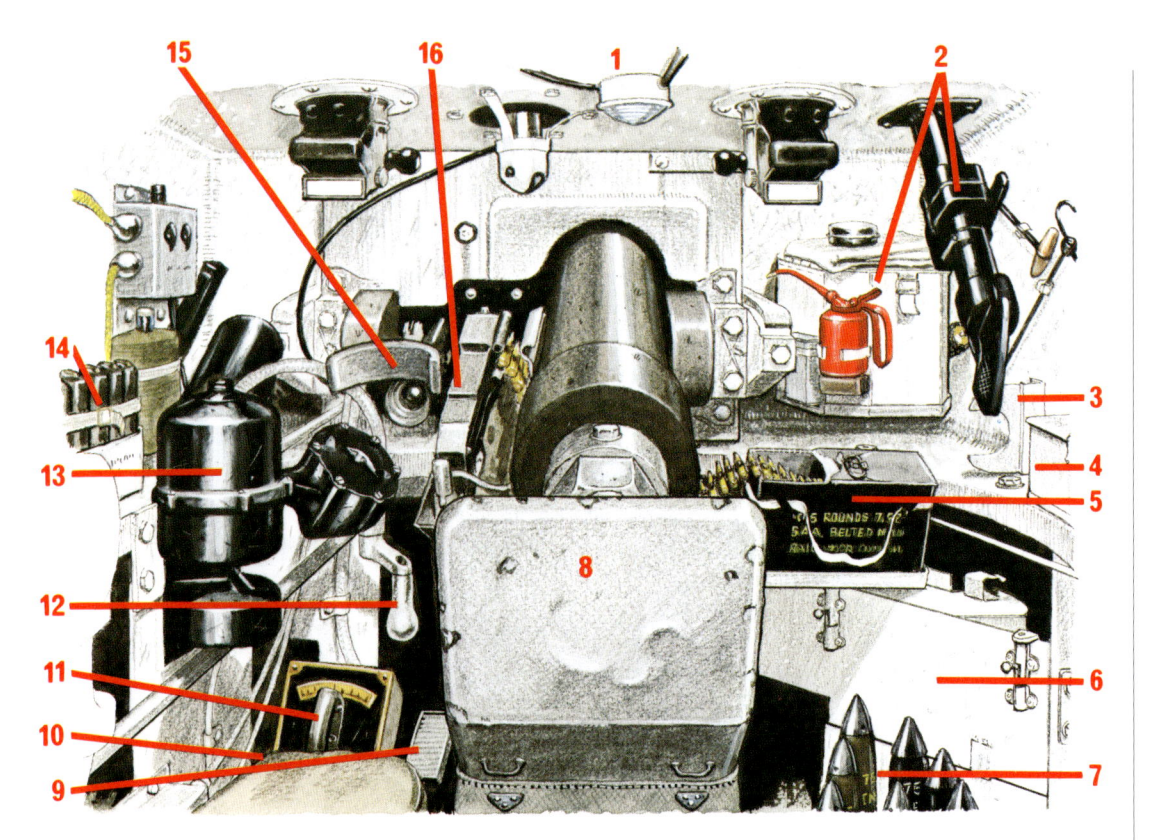

図版F1:チャーチルMk.VIIのインテリア・砲塔前部　各部分の名称は47頁を参照のこと

図版F2:クロコダイル火焰放射戦車のインテリア・操縦手コンパートメント　各部分の名称は47頁を参照のこと

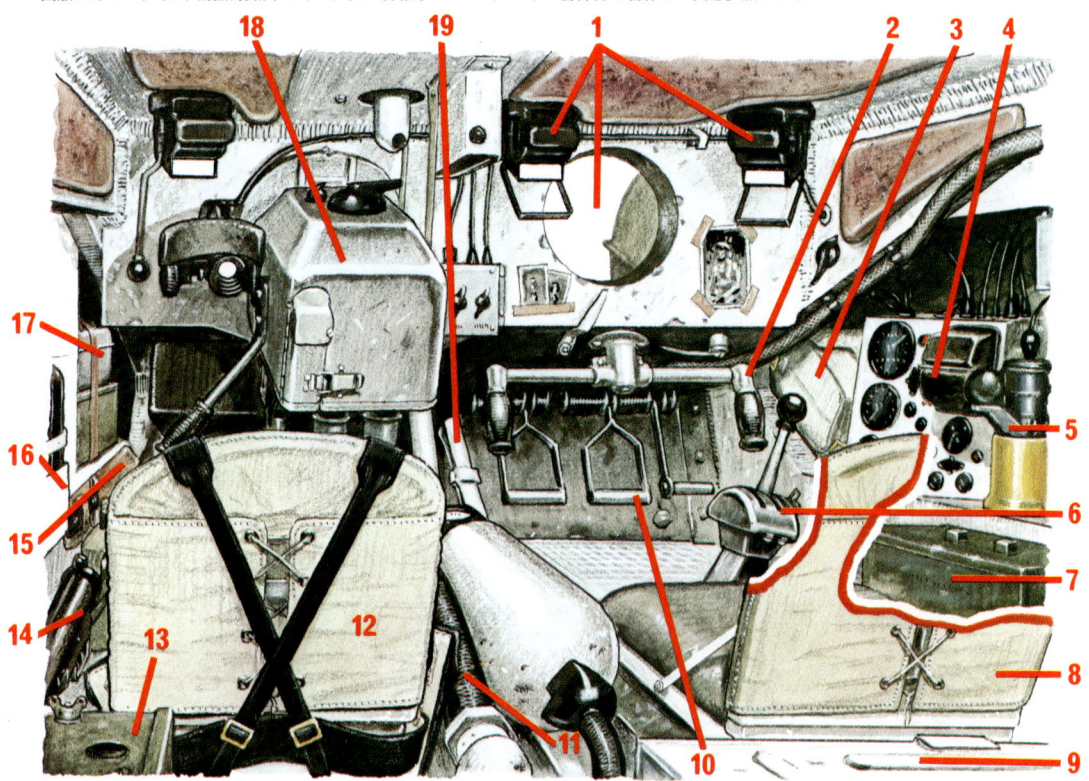

F

a～fはチャーチルの使用砲弾。詳細に関してはカラー・イラスト解説頁を参照のこと。

図版G1：二等兵　王立戦車軍団（RAC）第107連隊所属
ライヒスヴァルト戦　1945年2月

図版G2：一等兵　第7王立戦車連隊（RTR）所属
朝鮮半島　1950～51年冬

G

ねいて聴いているほかなかった。そしてようやくのこと、5月22〜23日にかけて、第25戦車旅団が第1カナダ歩兵師団を支援して「ヒットラーライン」突破戦に参加したことで、チャーチルはふたたび戦場に戻ったのである(訳注15)。

ドイツ軍は「ヒットラーライン」の対戦車防御を徹底して強化していた。地形を巧みに利用して対戦車壕が設けられ、地雷がいたるところに敷設され、トーチカや対戦車砲座は射界が重なるように計算された上で配置されていた。この防御線の背後には、突破の危機が生じた地点に駆けつけるため、戦車と駆逐戦車による反撃部隊が控えていた。さらに、チャーチルにとって脅威だったのは、地面に埋設されたコンクリート製の戦闘室の頂部にパンターの砲塔を載せた特製トーチカがあちこちに点在していたことで、地面近くの小さな目標は発砲しない限りその発見が困難であった。

「ヒットラーライン」の突破地点には、アキノとポンテコルヴォの中間地区が選ばれた。5月23日、猛烈な準備射撃ののち、「ノース・アイリッシュ・ホース」連隊を右翼、第51王立戦車連隊(RTR)を中央、王立戦車軍団(RAC)第142連隊を左翼に配した第25戦車旅団全力の支援を受けて、カナダ軍は攻撃を開始した。しかし、攻撃発起線の待避場所を出たとたんにドイツ軍の野砲、迫撃砲と機関銃の集中砲火が降り注ぎ、歩兵は地面に釘付けとなった。チャーチルは砲火の中を遮二無二押し進み、ドイツ軍の火点と400ヤード(360m)の至近距離で激烈な撃ち合いを展開した。そのため弾薬の消費は膨大なものとなり、ときにはコックや当番兵、主計やトラックの運転手までをも総動員して、砲火の下で人力による弾薬運搬が実施された。しだいにドイツ軍の防御火点は沈黙するようになり、歩兵は攻撃を再開した。夜に入って「ヒットラーライン」は打ち破られ、ローマへの道が開かれた。しかし、戦車の損害はかなりの数に上っていた。

「ゴシックライン」での苦戦
Gothic Line

チャーチルのイタリア第二戦は、「ゴシックライン」の攻略戦であった。カナダ第1軍団とイギリス第5軍団を支援するため、2個戦車旅団が投入された。ドイツ軍は「ヒットラーライン」と同じように防御線を要塞化していたが、こちらははるかに縦深に配置され、また山地から海岸へと伸びる無数ともおもえるほど幾重にも連なった尾根のそれぞれに、防御陣地が設けられていた。なお、連合軍の戦略大目標は、「ゴシックライン」を突破したのち、その背後に広がるロンバルディア平原に機甲師団群を進出させて、1944年中にイタリア戦を終わらせることにあった。

作戦は8月28日に開始され、10月17日まで続いた。両軍にとって、この戦いは近代兵器の総力を投入しても決着をつけられない、戦術的難題の連続となった。ひとつの尾根を奪ったところで、その唯一の代償は次の尾根への眺望が得られたということだけであり、次のその尾根はまた充分に防御が強化されており、いま占領した尾根と同じように猛烈な戦いぶりをみせる代物であったのだ。徹底して防御側に有利な地形にあっては、攻勢の進展は緩やかなものでしかなく勝利の実感は得難かった。作戦の全期間において、接近戦の重圧に耐える英歩兵に対し、戦車は惜しみなく支援を提供し続けた。「ノース・アイリ

「ゴシックライン」と「ヒットラーライン」の防御線には、コンクリート製の居住区画の上にパンターの砲塔を載せたトーチカが埋設されていた(訳注14)。写真のものは暴露してしまっているが、たいていは入念に偽装が施され、発砲するまで発見できなかった。

訳注14：固定配置であるトーチカでは上面部の防護強化が必要なため、砲塔天井装甲が戦車用よりも厚くされ車長キューポラが単純なペリスコープ付きハッチに変更されているのに注意。

訳注15：1943年9月、米英連合軍が半島南端とサレルノに上陸したことで、イタリア半島を巡る攻防戦は始まった。連合軍は同年のクリスマスまでにはローマを解放できると信じていたが、実際にそれは翌44年の6月のこととなった。この遅れの原因は、ドイツ軍が半島の中央を走るアペニン山脈とそこから流れる急流を防衛線として利用し、少ない兵力を巧みに使い効果的な遅延戦闘を実施したことによる。半島を横切るかたちでいくもの防御線が敷かれ(有名なものだけでも南から、「冬季ライン」「グスタフライン」「ヒットラーライン」「シーザーライン」、ローマの北には「アルバートライン」「ゴシックライン」の順)、防御者に有利な地形において連合軍は峡谷のひとつひとつを奪い取る消耗戦を強いられた。戦いはローマの南、モンテ・カッシノで停滞し、連合軍は「グスタフライン」の背後を衝くためにアンツィオに上陸したが、ドイツ軍に封じ込められてしまった。結局、ローマを解放した1944年6月にはフランス進攻が実施され、そのためイタリア戦線の位置づけはさらに下がった。

ッシュ・ホース」連隊の戦闘を記した第128旅団の報告書には、
「毎日休みなく、連隊のチャーチルはおよそ戦車には不向きな地形において、敵の拠点を制圧し歩兵を支援しつづけた。中隊長たちは豪胆さをみせて、自ら徒歩で戦車の先を進み登坂不能とおもえる斜面でチャーチルを誘導した。ときには戦車が横滑りを起こし、200フィート(60m)下の谷底へ6回も横転しながら転げ落ちていく事故がおきたりもした」
と苦闘ぶりが伝えられている。

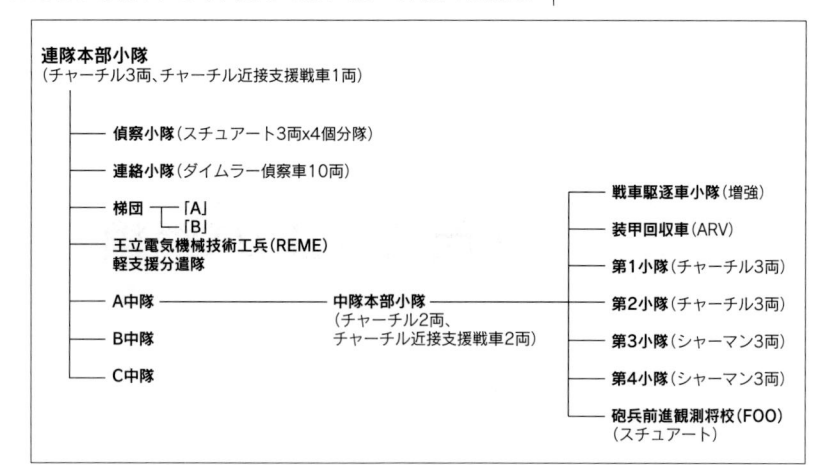

```
連隊本部小隊
(チャーチル3両、チャーチル近接支援戦車1両)
 ├── 偵察小隊(スチュアート3両x4個分隊)
 ├── 連絡小隊(ダイムラー偵察車10両)
 ├── 梯団 ─┬─[A]
 │         └─[B]
 ├── 王立電気機械技術工兵(REME)
 │   軽支援分遣隊
 ├── A中隊 ──── 中隊本部小隊
 ├── B中隊     (チャーチル2両、
 └── C中隊      チャーチル近接支援戦車2両)
                         ├── 戦車駆逐車小隊(増強)
                         ├── 装甲回収車(ARV)
                         ├── 第1小隊(チャーチル3両)
                         ├── 第2小隊(チャーチル3両)
                         ├── 第3小隊(シャーマン3両)
                         ├── 第4小隊(シャーマン3両)
                         └── 砲兵前進観測将校(FOO)
                             (スチュアート)
```

■歩兵戦車連隊の連隊および中隊編成図。1944年秋にイタリアの「ゴシックライン」で戦った部隊はこの編成を採っていた。

戦闘報告──第51王立戦車連隊の場合
Diary of 51st Royal Tank Regiment

　イタリア戦でチャーチルの果たした役割を記すことは、戦闘のすべての過程を記すことに通じ、本書の紙数を考えると割愛せざるを得ない。一例として第51王立戦車連隊(RTR)の戦闘報告を掲載するが、これをもってイタリア戦線での典型的な戦闘であると理解していただきたい。
　「9月20日、第25戦車旅団は第4師団司令部より、天候の悪化が進んでいることから、機甲攻撃を発起して日没前にマレッキオ川に橋頭堡を確立することを命じられた。我が連隊が攻撃の先頭に立つことになり、ポイント113を通過したところで、B中隊は『サレー』第1/6歩兵大隊の支援に回り、A中隊は2個小隊を先頭に並べて攻撃を実施し、次の尾根を奪取した。そこで左側面から敵の対戦車砲の猛射が始まったが、すかさず連隊本部小隊とC中隊が発煙弾を撃ち煙幕を展張したため、A中隊は難を逃れることができた。渓谷に到達した時点でポイント99からの左側面の制圧が可能となった。そのとき不意に、右手に延びる道路から対戦車砲1門が発砲してきたが、随伴歩兵がこれを潰し攻撃は継続された。こうしてポイント213が占領された。はげしい対戦車砲火により、A中隊で戦車5両、C中隊で戦車1両が破壊されたが、作戦は成功を収めた。のちに破壊された対戦車砲陣地7個所が、いくつかの機関銃座とともに戦果として確認された」

イタリアでの勝利
2 May 1945

　英第8軍が「ゴシックライン」を突破したところで天候は完全に崩れ、一面泥沼と化した平原は部隊の展開を拒んだ。冬季に入ったことで戦線は現状維持となったため、王立戦車軍団(RAC)第142連隊と第145連隊は解隊され、第25戦車旅団は第51王立戦車連隊(RTR)を基幹とした機甲工兵部隊に改編された。「ノース・アイリッシュ・ホース」連隊は移動して第21戦車旅団に合流し、一部の中隊ではクロコダイル火焔放射戦車への転換教育が実施された。
　1945年4月9日、ようやくのことで機動戦が再開された。第21戦車旅団は第8インド師団と第2ニュージーランド師団を支援して、セニオ川沿いに敷かれたドイツ軍の冬季防御陣地を火焔放射と砲撃で突破した。こうして第8軍とポー渓谷のあいだに横たわる唯一

の障害は、コマッキオ湖とレノ川間の厳重に守られた「アルジェンタ・ギャップ」だけとなったが、4月18日には第48王立戦車連隊（RTR）と第36旅団が急襲して、陥落させた。最後の防御線を失ったことでドイツ軍戦線は崩壊し、足の遅いチャーチルですら総追撃に参加する一方的な戦勢となった。こうして1945年5月2日、イタリア戦線のドイツ軍は単独降伏をおこなったのである。

north-west europe
北西ヨーロッパ戦線

ノルマンディ上陸
Hill 112

　第79機甲師団の装備していたチャーチル派生型を除くと、ノルマンディ戦に参加した最初のチャーチル装備部隊は、第31戦車旅団（第7王立戦車連隊（RTR）と第9王立戦車連隊（RTR）により編成）であった。同旅団は第15「スコティッシュ」師団を支援して1944年6月26日に戦闘に参加した。（第31旅団の3つ目の連隊は、王立戦車軍団（RAC）第141「ザ・バフス」連隊でクロコダイル火焔放射戦車を装備し、前線の必要に応じて投入された。第7連隊は第10王立戦車連隊（RTR）の番号を変えたもので、もともとの第7連隊は1942年に北アフリカのトブルクで全滅している）戦線は次第に南へと拡大されて、7月10日にはオドン川を越えた。そこで、第7王立戦車連隊（RTR）は第43「ウェセックス」歩兵師団と協力して112高地の攻略準備に入った。

　112高地はたちまち悪名高い戦闘の焦点として知られるようになった。C戦車中隊と「サマセット軽歩兵」第5大隊は斜面を登るあいだ、ドイツ装甲車両からの容赦ない猛射にさらされて大損害を喫し、攻撃は失敗した［著者注：ボカージュ（訳注16）が狙撃兵に隠れ場所を提供したことで、英軍将校の死傷率は非常に高かった。この戦闘だけでも第7連隊は中隊長と副官、3名の小隊長を失った。ノルマンディの6週間の戦闘で連隊は36名の将校を失った］。午後になって攻撃は再開され、今度はA戦車中隊と「デューク・オブ・コンウォール軽歩兵」第5大隊が、高地へと向かった。攻撃は成功し高地は英軍のものとなったが、ドイツ軍はティーガーと機甲擲弾兵を繰り出して14回にわたって夜襲をかけてきたので、歩兵大

訳注16：ボカージュ=bocage（仏語）。フランス西部の田園地帯でみられる独特の囲い地。畑・牧草地・農家を囲んだ土手や垣根で形成される。土手上に垣根を設けたものもあり、視界が開けないことで戦闘はいきおい接近戦となった。彼我の兵士が10mと離れずに撃ち合う場面もあり、戦車にとっては土手を乗り越える際に脆弱な車体底面を敵にさらすなど、危険極まりない戦場と化した。

第7王立戦車連隊（RTR）のチャーチル。植物が繁茂するノルマンディのボカージュは、ドイツ狙撃兵に恰好の隠れ場所を与えたので戦車長の死傷が続出した。跳弾による無意味な負傷を避けるため、戦車長のヘルメット着用は常識となった。それと同時に、随伴歩兵による密接な掩護も、肉迫する敵から戦車を守るには欠かせない手段となった。

隊は240名の死傷者を出し、すべての対戦車砲を失った。

7月15日、第34戦車旅団（王立戦車軍団（RAC）第107「キングズ・オウン」連隊、第147「ハンプシャー」連隊、第153「エセックス」連隊により編成）は戦線へと移動し、第15歩兵師団を支援して、指定された攻撃目標に一連の強襲を実施した。第107連隊はル・ボン・ルポとエスケィを襲い、第153連隊は翌日ガブルとブジを占領し、ティーガーとパンターに支援された機甲擲弾兵の強力な反撃を撃退した。この戦闘で同連隊は12両のチャーチルを失い96名の死傷者（内戦死39名）を出した。連隊長のウッド中佐は負傷後送され、連隊の指揮は、先述のアフリカ戦で「キングフォース」の長であった、ノリス・キング少佐が執った［著者注：フィクション化されているが、この戦闘の詳しい経過に関しては故ジョン・フォレー（John Foley）少佐の著書『Death of a Regiment』に詳しい］。

7月17日、第147連隊はエブルシィを襲い、7月23日には第107連隊がエスケィを攻撃した。8月2日には強襲は最高潮に達し、第107連隊はエスケィを再度攻撃、第147連隊はブジを攻撃、第153連隊は第7王立戦車連隊（RTR）と同じくマルトーを攻めた。これら一連の強襲の目的は、ドイツ機甲戦力をイギリス軍戦区に釘付けにして、アメリカ軍の海岸橋頭堡からの突破攻撃阻止に駆けつけられないようにすることにあった。戦術的な試みとしては、攻撃間に一部のチャーチルが17ポンド対戦車砲を牽引して前進し、目標到達後ただちに砲を据えて守りを固めるという方策が採られた。

コーモンの戦い
Caumont

この間、第15「スコティッシュ」歩兵師団はコーモン地区に移動し、替わって第53「ウェルシュ」歩兵師団が7月18日に戦区を引き継いだ。コーモン地区において第15師団は南へ打って出て309高地を確保するよう命じられていた。309高地はモンパンソン丘陵の西端にあり、ここを確保すれば米軍の突破攻撃を阻もうとするドイツ軍の反撃行動を脅かすことができた。この作戦のために、第15師団には新着の第6「近衛」戦車旅団（「擲弾兵近衛」第4大隊、「コールドストリーム近衛」第4大隊、「スコットランド近衛」第3大隊により編成）の支援を受けることになった。ふたつの部隊の将兵はイングランドでほとんどの訓練をともに実施

大きなクレーターの開いた道路の応急補修手段として、チャーチル架橋戦車の30フィート戦車橋が使われることもあった。

払暁の攻撃。朝霧に身を隠しながら攻撃発起線を横切る第7王立戦車連隊（RTR）A中隊のチャーチルと歩兵。1944年夏のノルマンディの戦場は、このような環境下にあった。

しており、たがいをよく知っていた。

　攻撃は7月30日に開始され、ドイツ第326歩兵師団の薄い防御線を簡単に突破した。同師団はそれまでの戦いで兵力を失い、休養再編のために戦線の比較的平穏であったこの地点に移動してきたばかりであったのだ。この不運なドイツ歩兵に、174両のチャーチルと数両の第141連隊のクロコダイル火焔放射戦車に支援された、戦いで鍛え上げられた一線級の将兵がそろった「スコティッシュ」歩兵師団が襲いかかった。戦線の穴を穿つ役は「擲弾兵近衛」大隊が担い、この突破口から右に「コールドストリーム近衛」大隊、左に「スコットランド近衛」大隊を配して、師団は突破攻撃を開始した。戦車はたちまち歩兵を取り残して先に進んでしまい、計画通りに敵陣を叩きながら進む移動弾幕射撃に追求するため、戦車部隊には単独進撃が許可された。この装甲の奔流に対する抵抗は微弱で、早くも1415時（午後2時15分）に両連隊は計画最終段階の攻撃発起線にまで到達してしまった。しかし、占領地の確保に必要な歩兵部隊はいまだはるか後方にあった。そこで原計画は手直しされ、「スコットランド近衛」大隊が攻撃経路の左側面を固める間に、「コールドストリーム近衛」大隊が独力で309高地を奪取することになった。またこの間、「擲弾兵近衛」大隊は前線と後方を往復し、チャーチルに歩兵を載せてピストン輸送を実施することとされた。計画は首尾よく進み、夕刻早くに「コールドストリーム近衛」大隊のチャーチルが斜面をよじ登って頂上に達すると、ドイツ兵は遁走して陣地はもぬけの殻であった（これと同時に「スコットランド近衛」大隊のチャーチルはヤークトパンターによる劇的な反撃を受けたが、無事にこれを凌いだ）。

　コーモンの戦いは、第二次大戦中において歩兵戦車が集中投入された最大級の攻撃戦闘であった。そして、歩兵戦車の戦術理論にそったものではなかったものの、結果的には大勝利を収めた。英戦車は密集するボカージュ地帯の不整地をわずか1日で6マイル（9.6km）も突き進んだわけだが、このことはチャーチルならでこそ達成できた偉業であると、多くの者が認めていた。

ルアーヴル解放
Le Havre

　それからの3週間、戦車旅団は急速に形成されてゆくファーレーズ包囲陣の北側で袋口を固める歩兵師団群の支援にあたり、在フランスのドイツ野戦軍が文字どおり殲滅さ

■歩兵戦車連隊の連隊および中隊編成図。1944年にノルマンディで戦った部隊はこの編成を採っていた（但し、特定の作戦のために一時的に配属された、クロコダイル、戦闘工兵車（AVRE）など特殊車両は除いてある）。

```
連隊本部小隊
(チャーチル3両、チャーチル近接支援戦車1両、装甲指揮車1両)
  ├─ 対空小隊（クルセーダー対空戦車6両）
  ├─ 偵察小隊（スチュアート3両×4個分隊）
  ├─ 連絡小隊（ダイムラー偵察車10両）
  ├─ 梯団 ─┬「A」
  │        └「B」
  ├─ 王立電気機械技術工兵（REME）
  │  軽支援分遣隊
  ├─ A中隊 ──── 中隊本部小隊
  ├─ B中隊      (チャーチル2両、
  └─ C中隊      チャーチル近接支援戦車2両)
                  ├─ 戦車駆逐小隊（増強）
                  ├─ 架橋戦車
                  ├─ 装甲回収車（ARV）
                  ├─ 第1小隊（チャーチル3両）
                  ├─ 第2小隊（チャーチル3両）
                  ├─ 第3小隊（チャーチル3両）
                  ├─ 第4小隊（チャーチル3両）
                  └─ 砲兵前進観測将校（FOO）
                     （スチュアート）
```

「擲弾兵近衛」第4大隊第2中隊第7小隊と第8小隊所属のチャーチル。1944年秋、オランダでの撮影。第7小隊所属車のニックネームは頭文字Kで始まるので、一番手前のチャーチルMk.IVの空気取り入れ口には「キングストン」と記されている。その前の車両の車体側面には、大隊の戦術番号152がレッドの四角地に白抜きされ、その下には白線がひかれている。砲塔後部収納箱には小隊番号の7が記されている。先頭をゆくMk.VIの空気取り入れ口には「グロスター」と記されており、ニックネームが頭文字「G」で始まっているので、同車は第8小隊所属である。

れてゆくさまを目の当たりにした。この戦いののち、再編成が実施され、第34戦車旅団では他連隊の損失を充当するために第153連隊が解隊された。第31戦車旅団からは第7連隊と第9連隊が抜け、第9連隊は第79機甲師団の下でクロコダイル火焰放射戦車装備に改編された（第7連隊のクロコダイル火焰放射戦車への改編は1945年初めに実施され、のちに第141連隊と「第1ファイフ＆フォーファー義勇農騎兵」連隊を擁する第31戦車旅団に編入された）。

9月10日、第34戦車旅団（第7連隊を欠く）は、第45「ウェストライディング」師団と第51「ハイランダーズ」師団のルアーブル攻撃を支援した。進撃する部隊は行く先々で、解放を喜ぶフランス人の大群衆に取り囲まれ、戦いはいつもと異なる風変わりなものとなった。挙げ句の果てに、ルアーブル守備隊指揮官ヴィルデムート大佐はベッドに入ったまま、第7王立戦車連隊（RTR）のキット・ブランド中尉に降伏したのだが、そのときベッドのなかには大佐の情婦も一緒だった。しかも、パジャマに勲章をピン止めして大佐が何とか威厳を取り繕うとしているのが、滑稽さをさらに煽っていた。

低地諸国での戦い
Low Countries

1944年10月に入って、チャーチル装備の2個戦車旅団は低地諸国に戦いの場を移した。27日、第6「近衛」戦車旅団は第15歩兵師団を支援してティルブールを占領し、その後、アメリカ第7機甲師団の伸び切った戦線を突破したドイツ機甲部隊と降下猟兵を阻止するために、東へと急行した。永年の戦旅で「近衛」旅団と第15師団のあいだには信頼の太い絆が築かれており、旅団戦力を単位としての主目標への集中攻撃という独特の戦術スタイルを誇っていた。

その西では、シェルト河口域の南岸を掃討する作戦が開始されようとしていた。第34戦車旅団には、敵中の縦深突破を目的としたチャーチルを中核とする戦闘グループの集成命令が下った。この特別部隊には、第107戦車連隊、第49師団偵察連隊、「第1ファイフ＆フォーファー義勇農騎兵」の1個クロコダイル小隊、王立砲兵第191野戦連隊、「レスター」第1歩兵大隊D中隊、戦車駆逐車1個小隊、工兵2個分隊が当初与えられ、さらに、「デューク・オブ・ウェリントン」第7大隊、「キングズ・オウン・ヨークシャー軽歩兵」第1/4大隊、戦車駆逐車2個小隊が追加された。第34戦車旅団長の名に因んで「クラークフォース」と名づけられた戦闘グループは、10月20日に攻撃を開始した。第9王立戦車連隊（RTR）と第56旅団が敵戦線に突破口を開け、そこから出撃した「クラークフォース」は、最初は第10アメリカ「ティンバーウルフ」師団を支援する第147連隊、のちには第9王立戦車連隊（RTR）に右側面を守られながら、10日間で25マイル（40km）を突き進んだ。第107連隊の損害は、戦死9名、負傷32名。戦車の損傷は19両であったが、このうちチャーチル2両とスチュアート4両を除いてほかは修理可能であった。この損害と引き換えに、連隊は敵自走砲8両撃破、捕虜230名の戦果をあげた。

マーストリヒト周辺とドイツ国境ガイレンキルヒェンでの一連の小戦闘を終えたのち、第6「近衛」戦車旅団と第34戦車旅団は、「ヴェリタブル」作戦に備えて密かにナイメーヘンへ

数多くの捕獲車両のなかで火力と機動力にすぐれるパンターは、チャーチル部隊の興味をもっとも惹いたようだ。写真は、マーストリヒト戦で捕獲パンター「カッコウ」を火力支援に使う「コールドストリーム近衛」第4大隊。イタリアでは王立戦車軍団（RAC）第145連隊が、捕獲パンター「デザーター（脱走兵の意）」を使用した。

密生した森林で樹木を押し倒しながら進むチャーチルMk.V。「よもやこんな森林に戦車で踏み入る人間など、まともならあろうはずがない。まったくもって卑怯極まりない」とは、「ヴェリタブル」作戦でのドイツ軍守備隊指揮官のコメント。

の集結を開始した。同作戦は、ライヒスヴァルト森林地区でドイツ軍の「ジークフリート」防衛線(訳注17)に強襲をかけ、突破することを目的としていた。1945年2月8日、エル・アラメイン戦の2倍という強力な砲兵準備射撃で攻勢は火蓋を切った。右翼では森の南縁に沿って第107連隊に支援された第51師団が進み、中央では森の真っ只中を第9王立戦車連隊(RTR)と第147連隊が第53師団を支援して斬り進んだ。左翼では森の北側を第6「近衛」旅団が旅団全力をもって第15師団とともに、クレーヴを目指して進んだ。篠突く豪雨の連続で泥沼と化した戦場で、かろうじて機動力を維持していたのはチャーチルだけであった。

ライヒスヴァルトの戦い
The Battle of the Reichswald

　ライヒスヴァルト森林は、深さ8マイル(12.8km)で幅は3.5～5マイル(5.6～8km)であった。国防軍総司令部は、戦車の森林通過は絶対に不可能と断じていたため、ここは「ジークフリート」線でもっとも防備が手薄なまま置かれていた。

「2月8日から9日にかけての夜間、シュトッペルベルクー帯の占領を目指して、第9王立戦車連隊(RTR)は第160歩兵旅団とともに2000ヤード(1.8km)を前進した。進撃方法は攻撃開始前に2週間にわたって練られ訓練されたもので、実際にうまく機能した。1個戦車中隊を先頭に立てて、チャーチルはまだ新しい植林帯では若い樹木を押し倒しながら前進し、太い幹をもつ樹林帯にぶつかったときには徒歩による誘導でこれを避けて進み、目標へと到達した。随伴歩兵にしてみれば、士気阻喪して徘徊する敵兵で一杯の深い森を進むには、戦車のたてるひどい騒音が何よりの敵兵除けのお守りとなった。日の出時の混戦で捕虜と

訳注17：第二次大戦時の「ジークフリート」線は、1937年にヒットラーの命令によりフランスの「マジノ」線に対抗して造られたもの。ドイツのコンクリート年間生産量の1/3を投入して、スイス国境からルクセンブルクに至るまでの480kmに、トーチカ群とコンクリート対戦車障害物が厳重に配された。ベルギー、オランダ国境沿いの防備は手薄であった。連合軍は1944年11月にこの線に到達したが、悪天候もあって苦戦を強いられていた。

ライヒスヴァルト戦の開始に備えて、道路上に集結して待機する第9王立戦車連隊(RTR)の車両群。作戦は土砂降りの豪雨の下で戦われたので、戦車兵は防水の戦車兵服を着用し、戦車の空気取り入れ口にはカバーが取り付けられている。道路脇に点々と打ち込まれた頂部の樹皮を剥かれた杭は、夜間操縦時の目印用である。

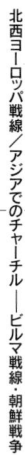

なった地区司令のドイツ軍大佐殿は、戦車のこうした使い方は『まったくもって卑怯だ』と猛烈な抗議をおこなってみせた」[著者注：第34機甲旅団史より、原文のまま引用]

　ライヒスヴァルト森林の戦いは、西部ヨーロッパ戦線でも屈指の激戦のひとつとなり、森の掃討には6日間を要した。攻勢軸は続いて南へと旋回し、第6「近衛」戦車旅団の支援を受けた第15師団と第51師団は、2月19日にゴッホを占領。第34戦車旅団は第52「ローランド」師団とともに、ブレーダースボッシュを突破した。「ヴェリタブル」作戦は戦車旅団群の参加した最後の攻勢であり、ライン西岸域でのドイツ軍の抵抗を打ち砕く目標は達成された。ライン川を越えたのちは、第6「近衛」戦車旅団はアメリカ第17空挺師団とともにムンスターを目指して進んだ。ドイツが降伏した5月8日の当日も、分遣されたクロコダイル火焔放射戦車はなおも戦闘に参加していた。

「コールドストリーム近衛」第4大隊の連隊本部小隊所属車「イーグル」。アメリカ第17空挺師団の兵士を背に、ヴェストファーレン（ヴェストファリア）地方を通過して進撃してゆく。

右頁●イムジン川を越える第7王立戦車連隊（RTR）C中隊のチャーチル「ジェラルド」。前面には、王立戦車軍団マーキング（右フェンダー）と所属の第29歩兵旅団の旅団シンボル、その下に船積み用シリアル（左フェンダー）が描かれている。連隊の伝統に従い各車は頭文字Gで始まるニックネームを、ブロック体で空気取り入れ口の下部に記していた。ほかには、「ジョージ」「グリニス」「ジャイニオレーター（Gynaeolator、『去勢屋』とでも訳せようか？）」が確認されている。
(Major B. H. S. Clarke, RTR)

buruma and korea

アジアでのチャーチル──ビルマ戦線・朝鮮戦争

ビルマでのチャーチル
Buruma

　1945年4月28日、たった1両のチャーチルが、ビルマ（現ミャンマー）のアランミョに駐

屯する「第3キャラビニアーズ」(スコットランド龍騎兵近衛連隊の別称)の元に、運用試験のために送られた。このとき、連隊の装備する快速のリー戦車は、ラングーンを目指す英第33軍団の先頭に立っていた。このような機動戦状況下で、足の遅いチャーチルをどう運用していくのかを決めるのは難しかった。戦闘記録は残されていないが、当事、「キャラビニアーズ」の進撃に追い越された日本兵が、残兵となって戦線内に多数止まっていたことを考えると、前線への追及の途上で戦闘があったと考えるのが自然であろう。

朝鮮戦争のチャーチル
Korean War

チャーチルが次にアジアへ姿をあらわしたのは極東地域であった。1950年6月、朝鮮戦争の勃発とともに、イギリスの国連軍部隊である第25歩兵旅団グループに、クロコダイル中隊を追加することが決定された。車両は在ドイツ駐留部隊の予備から引き抜かれ、第7王立戦車連隊(RTR)C中隊に配備されて、1950年11月15日に釜山に上陸した。(訳注18)

部隊の大半は鉄道を利用して北上したが1個小隊だけは道路を進み、200マイル(320km)を自力で走破するという、チャーチルの新記録を打ち立てた。クロコダイル中隊は中共軍の反撃が最高潮に達したまさにそのときに到着した。戦況は流動的で逼迫しており火焔放射の機会はないと判断された。そこでクロコダイルは1両を除いて放射燃料用トレーラーを切り離し、通常の戦車として戦った。

1951年1月3日、「ロイヤル・ノーザンバーランド・フュジリアーズ」第1大隊が猛攻にさらされ、3個中隊が孤立包囲された。すぐさま反撃が開始され、山中の雪に覆われた細道の悪路を、中隊本部小隊の2両を加えた第5小隊のチャーチルが残った1個歩兵中隊とともに救出に向かった。

「攻撃はうまく進み、2個中隊が救出され、3個目の中隊も日没間際に自力で脱出してき

訳注18：朝鮮戦争は1950年6月25日、北緯38度線を越える北朝鮮(朝鮮民主主義人民共和国)軍の奇襲攻撃をもって始まった。北朝鮮軍の進撃は目ざましく米軍および韓国(大韓民国)軍は一時、半島南端の釜山を中心とした洛東(ナクトン)江沿いの狭い地域に押し込められた。7月7日、マッカーサーを司令官とする国連軍が編成され、9月15日にはソウルの西50kmの仁川に上陸し、28日にはソウルを奪還した。これとともに南部でも反撃が開始され、10月1日には韓国軍が38度線を越えた。国連軍は10月20日に平壌(ピョンヤン)を占領し、中国国境である鴨緑江(ヤールー川)まで進んだ。11月25日、北朝鮮を支援する中国義勇軍が国境を越え南下を開始し、1951年1月4日、ソウルを再占領。国連軍は反撃し今一度、北朝鮮・中国軍を38度線まで押し戻した。4月22日、中国軍はふたたび攻勢を発起したが、国連軍はこれを持ちこたえ、5月23日には全戦線で反撃に転じ、中国軍を攻撃発起線まで押し戻したところで塹壕に入り、長く続く睨み合いとなった。

た。戦車が矢継ぎ早の猛射を続けたことで、救出作戦中に歩兵の受けた損害はきわめて軽微に止まった。敵の損害は150名に及んだと推測される」(「朝鮮戦争日誌1950～51年、第7王立戦車連隊(RTR)C中隊」より抜粋)

　国連軍は「釜山ハンディキャップ」として知られる総退却を開始した。C中隊にも速やかに南下するよう命令が下り、部隊は1月4日に漢江を越え、1月7日にはサンファンに達しそこで撤退を終えた。撤退の途中で、後方での大修理を必要としたクロコダイル1両が爆破処分され、また、橋が目前で爆破されたことでチャーチル装甲回収車(ARV)1両が焼却処分された。

　しかし、1月半ばには戦線は安定し、国連軍はふたたび北上を開始した。1月20日からの3週間、C中隊は米軍の指揮下に入り、いくつかの連隊戦闘団の進撃を支援した。その内、第27「ウルフハウンド」と第35連隊戦闘団はきわめてすぐれているとの印象をC中隊に残したが、第24連隊戦闘団にはあまり良い印象が無かった。一連の作戦行動は永登浦占領として結実した。続く戦闘で、第5小隊は捕獲されたクロムウェルによる漢江越しの射撃に脅かされた。結局、この戦車は「第8キングズ・ロイヤル・アイリッシュ軽騎兵」連隊のセンチュリオン小隊により討ち取られた。このクロムウェルは、もともと、「第8軽騎兵」連隊の偵察小隊に属していたもので、以前にコムボ渓谷で待ち伏せ攻撃を受け、共産軍得意の人海戦術に呑み込まれて投降を余儀なくされたものであった。

　C中隊は50マイル(80km)を路上行軍して、2月12日にはふたたび第25旅団に合流した。旅団は漢江へ向けて前進中であり、進出経路沿いのすべての高地から敵を掃討する任務を負っていた。チャーチルは高地の斜面を登る歩兵を火力支援し、ときには、長距離砲撃もおこなった。第7小隊は6000ヤード(5400m)での砲撃を記録している。

　2月21日、C中隊は戦線から下げられ、ようやくのことで待ち望まれていた器材整備を実施することができた。その後もしばらくは戦闘から離れていたが、4月22日には中共軍の新たな攻勢が開始されたため、戦線へ呼び戻された。このとき、チャーチルには戦闘参加の機会があまり無かったが、「第8軽騎兵」連隊に貸し出されたチャーチル装甲回収車(ARV)は、銃火の下での戦車の回収作業や道路障害物の排除作業に大活躍した。この攻勢も阻止されたことで戦線はふたたび安定し、その後は比較的平穏な期間が永く続いた。この間、各チャーチル小隊は敵の浸透攻撃に備えての警戒待機や、橋の警備の任務に就いてすごした。7月8日には和平交渉が始まり、その3カ月後にはC中隊は朝鮮半島を離れた。離韓に際して部隊は、共産軍の新年攻勢を頓挫させるのに部隊の功績が大であったとして、第1軍団長ジョン・W・オダニエル少将(米軍)から大いに称賛された。

　朝鮮半島での戦いにおいて、ときには摂氏マイナス47度という酷寒を経験するなど、チャーチルは苛酷な環境下でその能力を試された。厳しい寒さはキャタピラを地面に氷付けにし、極低温により金属が脆くなったことで履帯連結ピンの折損が多発したが、それでもピンどうしが氷で固められたためにキャタピラは長いこと切れずにいるという、奇妙なことがおきたりした。また、ツンドラ化して凍った表土にはキャタピラが噛まなかったため、チャーチルはいまや伝説となった登坂力を発揮することを許されなかった。しかし、総じて判断するならば、チャーチルは自力走破距離の記録を塗り替えるなど、厳しい気候の下でよく活躍したのだといえる。

　第7王立戦車連隊(RTR)C中隊は、チャーチルをもって実戦参加した最後の部隊となった。だがチャーチルそのものは、大改修を受けながらその後もアイルランド軍に装備され、1960年代後半まで現役として配備されていたのである。

第7王立戦車連隊(RTR)C中隊第6小隊のクロコダイル火焔放射戦車。朝鮮半島コムボ渓谷での撮影。火焔放射の機会はまったくなかったので、クロコダイルはトレイラーを切り離して戦車として戦った。
(Major B. H. S. Clarke, RTR)

variants

チャーチルの派生型

クロコダイル火焔放射戦車
Crocodile Flame-Throwing Tank

　チャーチル・クロコダイルは、おそらく、世界でもっとも有名な火焔放射戦車だといえる。クロコダイルは、1942年にヴァレンタイン戦車を使用して繰り返されたテストを基に開発され、火焔の放射手段として高圧窒素ガスを使用した。改造に用いられたのはMk.VIIで、放射燃料を搭載する二輪の装甲トレーラーが後部に連結された。トレーラーからのパイプは連結部を経由して、戦車の車体底面を通って操縦手コンパートメントへと導かれた。通常型では車体機関銃が収まる位置に火焔放射器が装着されており、パイプはこれに連結された。火焔放射器は電気着火式で、最大射程は120ヤード（108m）であった。燃え上がる燃料は放射された先にへばりつき、高温ですべてを焼き尽くした。窒素のガス圧はすぐに火焔放射器が作動不能になるレベルまで下がってしまうので、乗員は窒素ガス圧を最大まで上げる作業を、戦闘加入直前にしなければならなかった。

　クロコダイル火焔放射戦車は恐るべき攻撃力をもつ兵器であった。しかし、その攻撃のもたらす死が非人道的だと非難するならば、敵がクロコダイルに向ける兵器は人道的だといえるのであろうか。客観的にみるならば、クロコダイルは大勢の命を救った。多くの場合、クロコダイルが姿をみせただけで、火点にこもる敵は戦うよりも降伏を選んだ。しかし一方では、愚かにも敢えて破滅を招く道を選ぶ、狂信的な者が多かったことも事実である。クロコダイルは敵から恐れられ、同時に忌み嫌われた。対戦車砲手は火焔放射の射程内に捉えられる以前にトレーラーを破壊しようと努めた。また、ドイツ兵に捕らえられたクロコダイルの乗員が、その場で殺害されることもまま起きた。

　放射燃料が空になった場合や被弾した場合には、トレーラーを車内からの操作で切り離し、戦車は主砲を用いて戦闘を継続することができた。また、チャーチルの派生型とし

クロコダイル火焔放射戦車はチャーチルMk.VIIを基に改造された。鋳造／溶接併用構造の砲塔、車体側面の円形ハッチ、強化された砲塔前面開口部両肩がその識別点である。
（RAC Tank Museum）

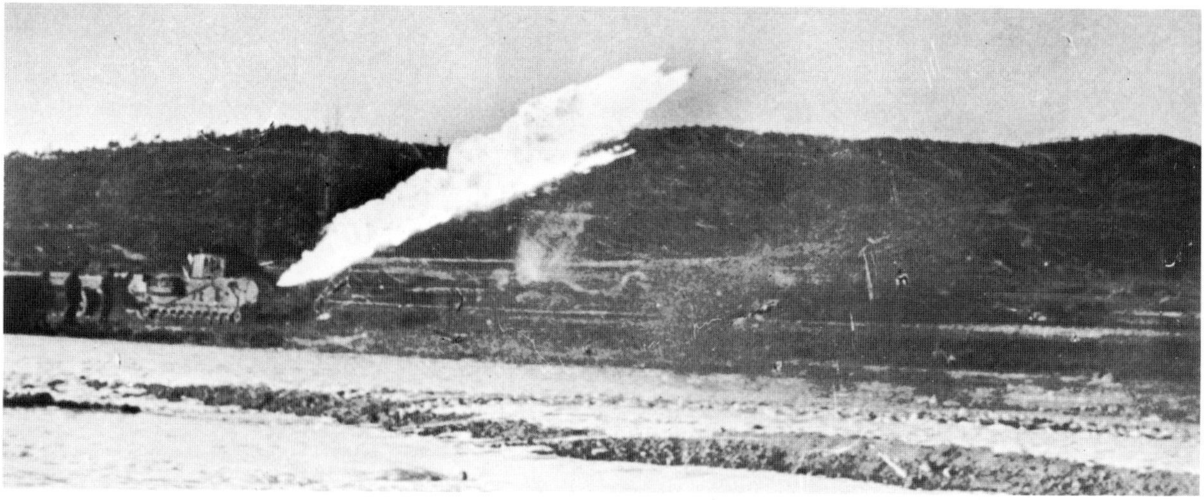
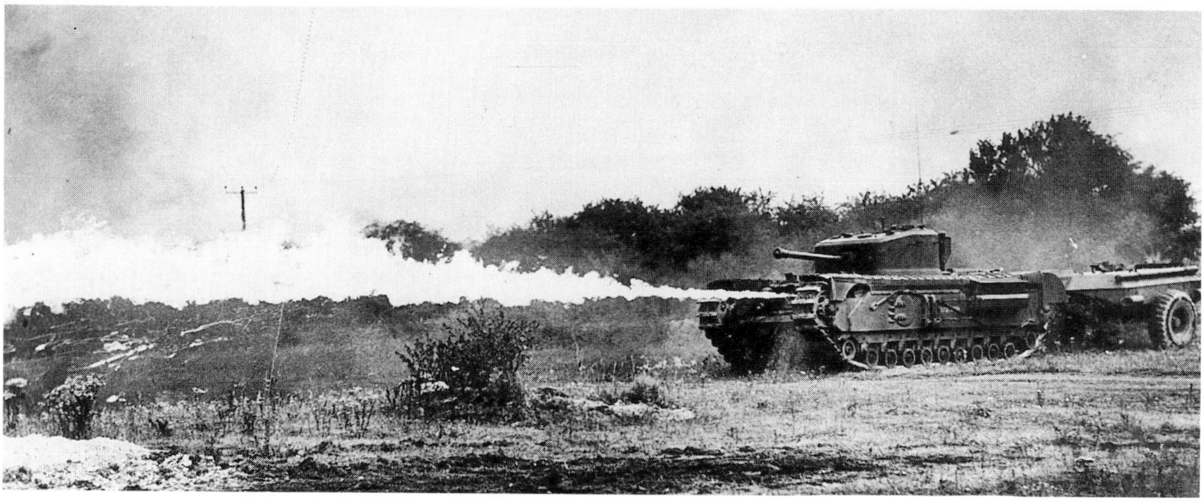
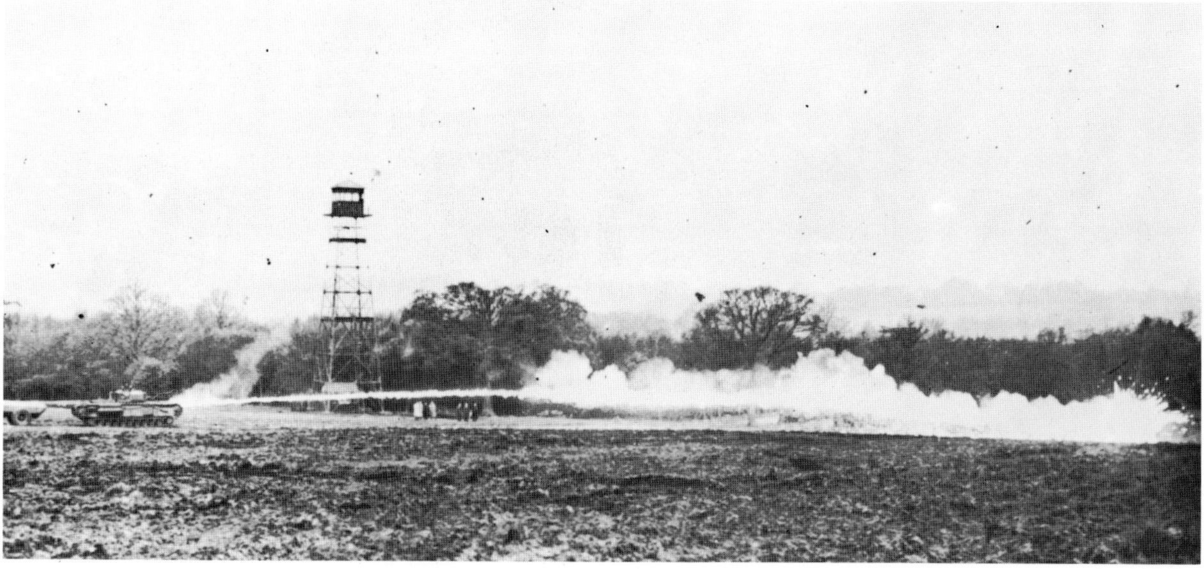

て1942年のディエップ強襲上陸作戦では、より初歩的で性能に劣るオーク火焔放射戦車が投入されている。クロコダイルは北西ヨーロッパ戦線とイタリア戦線において、突撃工兵チームの一部としてまたは歩兵の近接支援として固定陣地の攻撃にあたった。クロコダイル中隊は朝鮮戦争にも参陣している。

装甲工兵戦闘車
Assault Vehicle Royal Engineers

とくに機甲工兵兵器に関して解説することがこの項の役目ではないのだが、チャーチルの車体が備えた適応性の高さについては強調する必要がある。その広い車内容積と分厚い装甲は、まさしくこうした目的への転用に適しており、数々の特殊用途車両を開発するベースとなったのである。

これら車両のなかでも有名なのは、装甲工兵戦闘車（Assault Vehicle Royal Engineers、AVRE；直訳すれば王立工兵突撃車両となる）で、特別設計の砲塔に砲口装填式の口径290mm・スピゴット式臼砲を装備していた。この兵器は40ポンド爆弾を投射するもので、ピタード臼砲または別名「ウェイド将軍の空飛ぶゴミバケツ」として知られており、コンクリート製トーチカの爆砕が主任務であった。砲の再装填は副操縦手席上のスライド式ハッチを開けておこなわれた。装甲工兵戦闘車（AVRE）の構造と各所に標準化して設けられたアタッチメント装着ポイントは、さまざまな用途への転用を可能としていた。これにより、対戦車壕に落として埋めるための大きな粗朶束（訳注19）を積載することもできたし、海岸の岸壁に立てかけて海浜からの乗り上げランプとする小型の突撃橋を搭載することもできた。また、軟弱地通過用の特殊カーペットを巻き付けたボビンを戦車の前上方に掲げることもできた。

チャーチル架橋戦車
Bridgelayer

砲塔を撤去して戦車橋を搭載した本格的な架橋戦車も作られた。これは60tまでの荷重に耐える30フィート（長さ18m）戦車橋を搭載するもので、油圧式アームの操作で車上から地面に降ろされた。小河川に橋を架けるという本来の目的に加え、大きな弾痕の開いた道路をカバーするためにも、この戦車橋は重宝であった。そのため、終戦の時点には、チャーチル装備連隊は数両の架橋戦車をその編成に加えていた。また、チャーチル戦車そのものが退役した後数年を経てもなお、架橋戦車は部隊に配備され続けた。

さらに、より大きな窪地を克服することを目的にアーク（Ark）架橋戦車が作られた。これは砲塔を撤去したチャーチルの車体前後端に折畳み式のランプを装着したもので、自

停車中の装甲工兵戦闘車（AVRE）を、傍らを行く第48王立戦車連隊（RTR）のチャーチルMk.IIIの乗員が興味深げにみつめる。こうした特殊装甲車両は北西フランス戦線よりもイタリア戦線において多用された。

訳注19：「そだたば」と読む。長さ4m程度の細い灌木を多数束ねて直径2.4mのロールとしたもの。中央部にはパイプ3ないし4本を入れ水濠の通水用としてある。現在では、すべて鋼製パイプが用いられている。

左頁3葉●敵を恐怖に陥れたクロコダイルの攻撃。写真は朝鮮戦争時の試射（上）、1945年、北イタリアでの実戦（中）、ノルマンディ作戦前のイングランドでの試射（下）。
(Major B.H.S.Clarke <top>; RAC Tank Museum <centre>; W. A. Windeatt <bottom>)

敷設装置を示すために戦車橋を持ち上げた状態のチャーチル架橋戦車。
(RAC Tank Museum)

ら窪地の内へと自走して入り車体そのものをもって戦車橋となるものであった。そのため、深い対戦車壕を埋める場合には2両目のアークが1両目の上に載って壕を埋め、また川幅の広い浅瀬では数両のアークが数珠つなぎとなって戦車橋を形成するという、大技をみせた。

訳注20：一定間隔で爆薬を装着したホースをロケットで投射、一斉点火して爆発させ、その衝撃で地雷を自爆させて地雷原に通路を啓開するためのもの。

特殊車両
Other Assault Engineering Vehicles

ほかにも工兵車両として、ローラー式、プラウ（鋤）式、導爆索投射式（訳注20）といった各種の方式を用いた地雷処理車が試作されたが、どれもシャーマン・クラブ地雷処理戦車よりも性能が劣っていたため制式化されなかった。また、鋼製フレームに爆薬を装着してチャーチルの前部に掲げて運び、コンクリート製トーチカに押し付けて、車両の退避後に遠隔操作で爆発させるという車両も、キャロット（ニンジン）、オニオン（タマネギ）、ゴート（ヤギ）などの名称で作られた。これらチャーチル派生型の特殊車両は、ほとんどがディエップ強襲の戦訓を基に開発改良されたものであった。

チャーチル装甲回収車（Armoured Recovery Vehicle、ARV）は2形式が製作された。最初のものは砲塔を取り払ったMk.IもしくはMk.IIにジブクレーンを搭載しただけのものであった。続いて作られたのはMk.IIIもしくはMk.IVの砲塔を撤去して、ダミー砲を装着した固定式戦闘室を設けたもので、より強力なジブクレーンと二速ウインチ、駐鋤を備えた本格的なものであった。

箱型戦闘室に偽砲を備えたチャーチル装甲回収車（ARV）Mk.II。(RAC Tank Museum)

3インチ・ガンキャリアー
3in. Gun Carrier

さて、チャーチル派生型の傍流に属するのが3インチ・ガンキャリアーである。この車両は旧式となった3インチ高射砲の転用案として1941年の末に設計されたもので、のちに歩兵と戦車の協同戦闘で対戦車自走砲が担う役目を負わされていた。しかし、ガンキャリアーはその場の思い付きの範囲を出ず、前面装甲厚88mmの固定戦闘室に装備された砲は、射界が左右各5度しかなかった。それでも、24両が製作されたが、すべてほかの車両の開発に転用された。

訳注21：英戦車のマーキングは、第1先任連隊はレッド、第2先任連隊はイエロー、下位連隊はブルーと色分けされた。また、A中隊は正三角形、B中隊は四角形、C中隊は円形、本部中隊は菱形で表示され、この色と形の組み合わせで所属連隊／中隊を示した。

カラー・イラスト解説 The Plates

（カラー・イラストは25-32頁に掲載）

図版A1：チャーチルMk.I　第9王立戦車連隊（RTR）B中隊　英本土にて訓練中　1942年初期　塗装はミディアムグレイの単色塗装で、しばしば「工場仕上げ」と呼ばれるものである。この当時、第9王立戦車連隊は第31戦車旅団の第2先任連隊であった。戦車兵は王立戦車連隊の伝統に従い、連隊番号と同じ順のアルファベットを頭文字として車両にニックネームをつけている（例、インダスのIはアルファベットの9番目）。中隊マーキングとニックネームは、第2先任連隊を示すイエローで描きこまれている。砲塔の収納箱と車体前面下部に描かれた四角形マーキングはB中隊所属を示す（訳注21）。インダスの文字は車体前面と両側面に書かれている。車体前面下部に書かれたイエローのリングに40の数字は橋梁用の重量等級を示すブリッジクラスナンバー、ホワイトのT30974は車両登録ナンバーである。キャタピラが運び上げた泥の固まりは当然、滑り落ちるので、車体側面には幅広い泥の筋がついた。砲塔の2ポンド砲と車体の3インチ榴弾砲の、大きさの差は歴然としている。

図版A2：チャーチルMk.I　第43王立戦車連隊（RTR）A中隊　英本土　1942年中期　A1とほぼ同じであるが、こちらは車体の3インチ榴弾砲に代えてBESA機関銃を装着している。このタイプをMk.IIと呼称するものもあるが、一般的にはMk.IIIは、砲塔に3インチ榴弾砲、車体に2インチ砲を備えた近接支援型の呼称として受け入れられている。このイラストは現存するカラー写真を基に描いた。この当時、第43王立戦車連隊は、第3（混成）師団の3番目の旅団である第33旅団の指揮下に置かれていたが、のちには第75機甲師団の実験連隊となった。塗装はカーキブラウンの単色塗装だが、これは戦闘服のカーキブラウンとは色味が異なるので注意。車両用のものは「標準迷彩色No.2」と呼ばれるもので、英本土駐留部隊で用いられた。車体は泥だらけとなっているが、レッド・ホワイト・レッドの識別標識が車体側面ハッチの前方にみえる。第43王立戦車連隊の車両ニックネームはSで始まっている。これは、40～51の連隊番号を振られた国防義勇軍を出自とする部隊には、当然のことながら頭文字に関する王立戦車連隊のルールが適用できなかったことに起因している。本車にはソーリアン（トカゲもどきの意）の名が砲塔側面に記されている。その前方には、ドットの打たれたB中隊の中隊マーキングが描かれ、その上には小隊番号と思われる数字が書かれている。これは正式のマーキング方式ではなく、中隊の内規によるものだろう。何らかの理由により、砲塔天井の車長用簡易照準器が赤く塗られているが、前線配備となればおそらく車体色に塗り替えられていたはずである。

図版B1：チャーチルMk.III　第1カナダ軍直轄戦車旅団「カルガリー」連隊C中隊　ディエップ　1942年8月　ディエップで戦った「カルガリー」連隊ほど、数多くのマーキングを戦車に施して実戦に臨んだ部隊はない。多くの写真を調べ、また海浜で撮られたドイツのカラー映画から、そのなかの一両のチャーチルMk.IIIを選んだ。チータと名づけられたこの車両は、岸壁を越えて園芸植物園跡に進み、海岸に面した家屋のドイツ軍火点と撃ち合っている。塗装はミドルブロンズグリーンの単色塗装で、

側面にはハッチ前方にレッド/ホワイト/レッドの識別標識が塗られ、その後方にはホワイトで車両登録ナンバーT68177が記され、ニックネームは空気取り入れ口上部に書かれている。砲塔側面には、C中隊所属を示す円形マーキングがフレンチグレイで書かれ、円の中はブラックで塗りつぶされてホワイトで小隊番号13が記されている。左上のイラストは車体前面右上からで、まず歩兵戦車部隊を示すカナダ軍の兵科マーキングであるオーカーの上にダークグリーンを重ねた四角形が塗られ、その上に連隊戦術番号の175がホワイトで記されている。その右にはカナダ軍第1戦車旅団のシンボルである、ブラックの四角形の上にイエローで国章のメープルリーフを描き、羊をブラックで抜いたマーキングが描かれている。その上にはニックネームが記されている。右上のイラストは車体後面を示したもので、左から兵科マーキングと連隊番号、続いて識別標識、中隊/小隊マーキング、旅団シンボルの順で描かれている。海中渡渉用の延長排気管はブラックで塗られているのだが、排気熱の高温で退色している。

図版B2：チャーチルMk.III「キングフォース」エル・アラメイン 1942年10月 ハワード少尉の乗車である本車は、11月3日の戦闘で失われた。塗装は、サンドイエローの基本色の上に、おそらく正式名称「スレートグレイNo.34」と思われる、ダークブルーグレイの雲形迷彩が施されている。車両登録ナンバーT31950Rは、車体側面ハッチの後方、砲塔側面と車体前下部左側に記されていた。右フェンダーの前縁泥よけには「ブドウの房」に似たマーキングが車体色の上にグラスグリーンで描かれているのカーチルのうち、2両に描かれているのが確認できたが、とくに意味はない。おそらくキャンバス製の偽の運転台を装着して、トラックに化けていたときの名残と思われる。「キングフォース」には砲塔番号510が与えられたが、これはボール紙の切れ端にブラックで殴り書きされ左前部左端にぶら下げられている。このボール紙プレートの写真はあまり残っていない。左右のキャタピラ上に渡されたエプロンは、車体後部の冷却ファンが巻き上げた砂埃が、車体下を這って前部ハッチや砲塔ハッチから吸い込まれるのを防ぐためのもので、分厚いキャンバス布に栗単の小棒が縫い込まれている。

図版C1-8：チャーチル装備旅団のマーキング
1：第6近衛戦車旅団　2：第21陸軍直轄戦車旅団（原型）
3：第21戦車旅団（中期）　4：第21戦車旅団（最終）　5：第25戦車旅団
メープルリーフの白抜きは、1944年5月の「ヒットラーライン」突破戦争に、カナダ第1歩兵師団から献呈されたもの。第25機甲工兵旅団 王立工兵を示すシールドの上に、歩兵戦車部隊を示すブラックのディアボロ（空ゴマ）が描かれている。
7：第31戦車旅団 カーキグリーンの車体色の上にグラスグリーンで描かれているため、白黒写真では判別しにくい。所属の第2連隊、第7王立戦車連隊と第9王立戦車連隊は、それぞれ戦術番号の191と192で確認されることの方が多い。
8：第34戦車旅団

図版C9：チャーチルMk.III 王立戦車軍団（RAC）第142連隊B中隊 チュニジア 1943年初期 塗装はミドルブロンズグリーンの単色塗装で、幾分褪色している。作戦の後半期には、連隊はこの上に泥を塗って迷彩した。同連隊は旅団の下位連隊であり、砲塔のB中隊を示す四角形のマーキングと側面ハッチ後方のミンデンのニックネームはブルーで書かれている。中隊マーキングのなかには、小隊番号の「6」がホワイトで書かれている。この車両に描かれているマーキングは、これですべてである。

図版C10：チャーチルMk.III 王立戦車軍団（RAC）第145「デューク・オブ・ウェリントンズ」連隊 チュニジア 1943年 同連隊も車両のアウトラインを崩すために、戦車に泥を塗りたくっているのだが、明らかにタイガーストライプ（虎縞）を模している。同連隊は第21戦車旅団の戦車連隊であることから、戦車にブルーは施されているはずだが、砲塔後部収納箱の側面に描かれたCの字以外は泥で覆われてしまっている。

図版D：チャーチルMk.III 第6「近衛」戦車旅団「スコットランド近衛」第3大隊 英本土／ノルマンディ 1944年 カットアウェイ図を描くにあたり、隔壁とキャタピラを省略してある。読者諸氏は車内があまりにも実しているのに驚かれることと思うが、それでもチャーチルには充分なスペースがあり、乗員は個人装備をすべて車内に収納できた。その当時のほかの戦車では、そんなことは無理である。
一番手前は、操縦手コンパートメントで、操縦手席と車体機関銃手席、操縦装置を図示している。詳細はプレートF2を参照していただきたい。また、車体機関銃のBESA機関銃と銃架は、みやすくするために省略してある。操縦手席の背後と向かって左側は主砲弾薬庫となっている。砲底面には十字形の安全クリップが装着されている。
その後ろは、旋回砲塔を載せた戦闘コンパートメントとなっている。砲手は戦闘時には、上部のパッドに顎を押しつけて望遠照準鏡をのぞいた。砲手席の上部にはマッシュルーム形のベンチレーターが設けられている。動力換気装置であるため、ハッチを閉めていると内部にこもる無煙火薬のガスを排出できない欠点があった。砲塔向かって左前部には、2インチ爆煙投射機がみえる。これは発煙弾を発射可能で、緊急時に戦車の周囲に煙幕を展張して、敵の目から隠れるために用いられた。戦闘室床下へと落ち役を担うデフレクターシールドは、砲塔後部バズルに収められた無線機をみせるために省略した。砲塔の背後は、エンジン・コンパートメントおよび変速機／最終減速機コンパートメント、最後部の変速機／最終減速機コンパートメントをみせるため、隔壁と冷却ファンが省略してある。この位置に関しては(6頁)の縦断面イラストで確認していただきたい。旅団シンボル、兵科マーキング、ブリッジクラスナンバー、車両登録ナンバー、ニックネーム、識別標識といった、各種マーキングの表示位置は、連隊全車で統一されている。なお、「スコットランド近衛」第3大隊所属の3個戦車中隊は、それぞれ「右翼」中隊、「S」中隊、「左翼」中隊と名づけられていたが、中隊マーキングは通常のA～C中隊の図形表示方式を用いていた。

図版E1：チャーチルNA75 第51王立戦車連隊（RTR）A中隊 イタリア・ゴシックライン 1944年9月 本車はジム・マッシー中尉の乗車で、褪色が目立つがミドルブロンズグリーンで塗装されている。第51連隊は旅団の第2先任連隊であるため、砲塔のA中隊の三角形マーキングと空気取り入れ口下部の車両名オーデイシャス（大胆不敵の意）は、イエローで記入されている。連隊の戦術番号163は車体前面下部向かって左側に、丸みのある書体でホワイトで記されている。ダークブラウンの四角い地は混成

師団当時の名残である。第25戦車旅団のシンボルであるブラックのディアボロが向かって右側に転用したものである。NA75の主砲はシャーマンの75mm戦車砲を砲盾・砲架ごと転用したものである。

図版E2：チャーチルMk.VI「ノース・アイリッシュ・ホース」連隊C中隊 イタリア・ゴシックライン 1944年9月 このイラストの元になった写真は、ゴシックライン戦の終わりごろに撮影された。風雨と陽光の作用でブロンズグリーンの塗装色は完全に色褪せてしまっている。同連隊は旅団の第1先任連隊であったことから、「ノース・アイリッシュ・ホース」のマーキング色はレッドとなるはずだが、砲塔の小隊番号の4をホワイトでなかに記したC中隊の円形マーキングはブルーで記されている。これは王立戦車軍団（RAC）の所属連隊によっては中隊に対して先任順位を設け、中隊はレッド、B中隊はイエロー、C中隊はブルーと定めていたことを示す一例である。車両名の「キャッスルロビン4」は、細いホワイトの縁をつけトーンを落としたレッドかアルスターオレンジで書かれている。砲塔側面の高い位置にはホワイトで車両登録ナンバーT172292Rが記入され、また、車体側面にはホワイトでステンシルされた船積み用の積載等目が、かすかに残っている。車体後部に畳まれた防水シートが、外部燃料タンクの装着ブラケットに括り付けられている。砲塔後部の収納箱に溶接された弾薬箱は、乗員の私物の収納である。

図版F1：チャーチルMk.VIIのインテリア・砲塔前部
イラスト化するためにパースを歪めてあるので注意していただきたい。
1：車内灯　2：2インチ爆煙投射機と投煙弾20発の収納箱
3：砲弾分離金具　4：2インチ爆煙弾薬箱（3発）　5：BESA機関銃弾薬箱と給弾トレー
6：75mm砲弾薬庫、榴弾と徹甲弾26発と発煙弾4発を収納。その下には携帯口糧のビスケット缶6個が収められている　7：75mm砲弾ラック、榴弾と徹甲弾14発を収納　8：75mm弾薬とデフレクターシールド、薬莢受けバッグ
9：発射ペダル　10：発射手把　11：動力旋回装置コントロールハンドル
12：手動旋回装置ハンドル　13：動力旋回装置用電動モーターユニット
14：トンプソン短機関銃用の20発入り弾倉10個、ステン短機関銃の場合は32発入り弾倉8個となる　15：照準望遠鏡　16：BESA機関銃、空薬莢シュート、空薬莢受け

図版F2：クロコダイル火焔放射戦車のインテリア・操縦手コンパートメント イラスト化するためにパースを歪めてあるので注意していただきたい。カットアウェイ図となっているが、火焔放射手席と同一構造である。火焔放射関係の装備以外は、戦車型のMk.VIIでも装備配置は同じである。
1：操縦手用ペリスコープと直接視察ポート（開放状態）　2：操縦用バーハンドル
3：雑嚢（2個）、毒ガス防護ケース、手袋等収納位置　4：計器盤　5：羅針儀
6：ギアセレクター　7：ペリスコープ用予備プリズムおよび手入れブラシ収納箱
8：操縦手シート　9：工具箱（履帯整備用、エンジン用、一般工具、清掃具、給油注入用漏斗、絶縁テープ類）　10：クラッチ、ブレーキ、アクセルペダル（左から）
11：火焔放射機用高圧混合気（燃料・窒素ガス）ホース　12：火焔放射手／副操縦手シート　13：機銃発射器　14：ステン短機関銃　15：保護具になれたマシネット、その下には水筒　16：ステン短機関銃用32発入り弾倉8個、トンプソン短機関銃用の場合は20発入り弾倉10個となる　17：ブレン軽機関銃整備工具、携帯コンロ、予備履帯連結器、毒ガス防護服等　18：火焔放射機　19：ハンドブレーキ

図版G1：二等兵 第34旅団王立戦車軍団（RAC）第107連隊 ライヒスヴァルト戦1945年2月 95mm榴弾マーク1Aを抱えた、中隊本部小隊の近接支援戦車の搭乗員。頭のブラックベレーには原連隊のバッジをつけている。王立戦車軍団（RAC）第107連隊は歩兵である「キングズ・オウン・ロイヤル」連隊（ランカスター）から改編されたので、「ザ・キングズ・オウン」の字の下にライオンをあしらった濃いゴールドのバッジを、レッドの台布の上からボタン止めしている。1943年型戦車兵服は防水性があり、カーキ色のライナーにより保温性も高い。またジッパーとボタン止め併用式のポケットが多くつけられている。

図版G2：一等兵 第7王立戦車連隊（RTR）所属 朝鮮半島 1950～51年冬 戦車兵が着用しているのは1949年式戦闘戦闘服で、頭にはシルバーのバッジをつけたブラックベレーをかぶっている。肩章には第7王立戦車連隊を示すレッドとグリーンの印符をつけている。右上腕部には王立戦車連隊のホワイトの兵科バッジを付け、その下に第25歩兵旅団グループの俗称「凍った穴」の黒地に白抜きのパッチ、下には階級を示す山形袖章を縫い付けている。持っているのは強装薬の75mm榴弾。
戦車兵の周囲には、同一スケールで、チャーチルの使用砲弾を図示する。
a：6ポンド榴弾マーク10T
もっとも使用頻度の高かった砲弾で、弾底にトレーサー（曳光剤）がつめられている。
b：6ポンド榴弾徹甲弾（APC）
装甲板命中時の弾体の破砕を防ぐための被帽（キャップ）をつけた徹甲弾。弾底にトレーサー（曳光剤）がつめられている。
c：6ポンド仮帽付被帽徹甲弾（APCBC）
被帽徹甲弾の弾道特性を改善するために、薄い金属製の空力先端部をつけたもの。
d：6ポンド装弾筒付き徹甲弾（APDS）
減口径弾薬の一種。1944年中期から支給が開始された砲弾で、砲口径よりも小径の炭化タングステン製弾芯の周囲をサボ（またはセイボー）と呼ばれる円筒が取り巻いている。砲口を出た瞬間に装弾筒は弾芯から分離するので、砲の発射エネルギーは弾芯に集中され高初速が達成される。
e：95mm弾底噴射式煙幕弾
内部には4個の発煙キャニスターが収められており、弾頭信管の下に装着された発火薬により点火される。目標に撃ちこんで目印としたり敵を目隠しするのに使われた。
f：95mm成形炸薬弾（HEAT）
近接支援戦車に対戦車攻撃能力を与えるための砲弾で、モンロー理論と呼ばれるジェット噴流効果を利用した対戦車弾薬。これは弾頭を円錐（または半球形）状に窪めて成形した炸薬（ホローチャージ）を収めたもので、装甲板に命中爆発すると円錐の中心軸線上に超高速（6000m/sec）のジェット噴流を形成し、ごく一点に超高圧を集中することで装甲板を貫徹するという仕組みである。なお、熱により装甲板を溶かして貫徹するわけではないので注意。第二次大戦当時、一般的には、弾頭直径と同等の装甲板を貫徹できるとされたが、炸薬の成形精度、命中角度などでバラツキが出た。また、コンクリートや鋼鉄製のトーチカを破壊するのにも使われた。

◎訳者紹介

三貴雅智（みきまさとも）

　1960年新潟県新潟市生まれ。立教大学法学部卒。機械工具メーカー勤務を経て『戦車マガジン』誌編集長を務めたのち、現在は軍事関係書籍の編集、翻訳、著述など多彩に活躍している。
　著書として『ナチスドイツの映像戦略』、訳書に『武装SS戦場写真集』があり、ビデオ『対戦車戦』の字幕翻訳も担当。『SS第12戦車師団史・ヒットラーユーゲント(上・下)』『鉄十字の騎士』の監修も務める。また、『アーマーモデリング』誌の英国AFV模型製作の連載記事「ブラボーブリティッシュタンクス」の翻訳とインターネットサイト紹介コラム「ミリタリー・ネットサーファー」執筆も担当している。(いずれも大日本絵画刊)

オスプレイ・ミリタリー・シリーズ
世界の戦車イラストレイテッド 3

チャーチル歩兵戦車 1941-1951

発行日	2000年6月　初版第1刷
著者	ブライアン・ペレット
訳者	三貴雅智
発行者	小川光二
発行所	株式会社大日本絵画 〒101-0054 東京都千代田区神田錦町1丁目7番地 電話:03-3294-7861
編集	株式会社アートボックス
装幀・デザイン	関口八重子
印刷/製本	大日本印刷株式会社

© 1993 Osprey Publishing Limited
Printed in Japan

Churchill Infantry Tank 1941-51
Bryan Perrett

First published in Great Britain in 1993,
by Osprey Publishing Ltd, Elms Court, Chapel Way, Botley,
Oxford, OX2 9LP. All rights reserved.
Japanese language translation ©2000 Dainippon Kaiga Co.,Ltd.

Select Bibliography
Barclay, Brigadier C. N., *"History of the Duke of Wellington's Regiment 1919-1952"*, Wm Clowes
Daniell, D., Scott, *"Regimental History The Royal Hampshire Regiment, Vol III"*, Gale & Polden
Nicholson, Colonel W. N., *"The Suffork Regiment 1939 1947"*, East Anglian Magazine Ltd
Perrett, Bryan, *"Through Mud and Blood"*, Robert Hale
Perrett, Bryan, *The Churchill*, Ian Allen

Privately Printed Histories
"The Story of 34 Armoured Brigade"
"North Irish Horse Battle Report"
"A Short History of the 51st Battalion Royal Tank Regiment"
"History of 107 Regiment RAC"
"Diary of a Squadron, 7th Royal Tank Regiment"
"Korean Diary 1950-1951, C Squadron 7th Royal Tank Regiment"